데이터 사이언티스트
어떻게
되었을까?

꿈을 이룬 사람들의 생생한 직업 이야기 22편

데이터 사이언티스트 어떻게 되었을까?

1판 4쇄 펴냄 2024년 1월 18일

펴낸곳 ㈜캠퍼스멘토

저자 원인재

책임 편집 이동준 · 북커북

디자인 ㈜엔투디

커머스 이동준 · 신숙진 · 김지수 · 김연정 · 강덕우 · 박지원 · 송나래

교육운영 문태준 · 이동훈 · 박홍수 · 조용근 · 정훈모 · 송정민

콘텐츠 오승훈 · 이경태 · 이사라 · 박민아 · 국희진 · 윤혜원 · ㈜모야컴퍼니

관리 김동욱 · 지재우 · 윤영재 · 임철규 · 최영혜 · 이석기

발행인 안광배

주소 서울시 서초구 강남대로 557 (잠원동, 성한빌딩) 9층 (주)캠퍼스멘토

출판등록 제 2012-000207

구입문의 (02) 333-5966

팩스 (02) 3785-0901

홈페이지 http://www.campusmentor.org

ISBN 978-89-97826-35-3 (43310)

· 인터뷰 및 저자 참여 문의 : 이동준 dj@camtor.co.kr

데이터 사이언티스트 어떻게

되었을까?

"도움을 주신 데이터 사이언티스트들을 소개합니다"

고영혁
데이터 사이언티스트

- 현) Arm 트레저데이터 한국 총괄
- 전) G-Market 금융사업파트장
- 전) NHN 콘텐츠전략팀장
- 연세대학교 경제학 (경영학, 응용통계학) 3중 전공 졸업

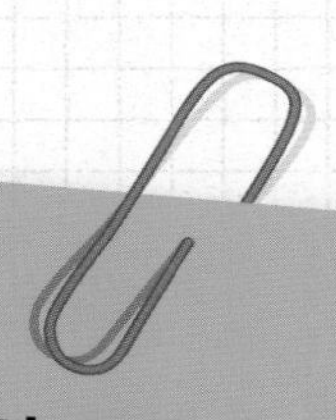

김영호
데이터 사이언티스트

- 현) 한국 MSD 데이터 사이언티스트
- 전) 삼성 SDS 데이터 사이언티스트
- 전) 옥스퍼드 대학교 INET 방문연구원
- 한국과학기술원(KAIST) 물리학과 박사

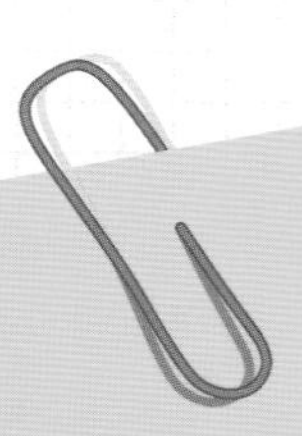

김유경

데이터 사이언티스트

- 현) GS SHOP 데이터 사이언티스트
- 전) 쿠팡 데이터 분석가
- 이화여자대학교 통계학과 석사

이예은

데이터 사이언티스트

- 현) 다음소프트 연구원
- 전) 드림빌엔터테인먼트 다큐 기획
- 전) CJ E&M StoryOn(현 OtvN)채널 편성PD
- 전) 국제엠네스티 한국지부 인턴
- 서울대학교 대학원 인류학과 석사

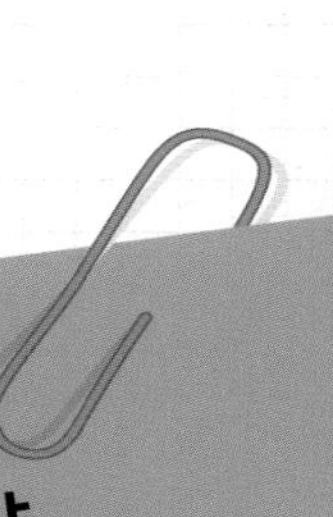

강원양

데이터 사이언티스트

- 현) 뉴스젤리 브랜드마케팅팀 팀장
- 전) 뉴스젤리 브랜드팀 브랜드콘텐츠 기획자
- 전) 뉴스젤리 콘텐츠팀 데이터 기획자
- 서울여자대학교 사학과 (행정학과) 졸업

Chapter 1

데이터 사이언티스트, 어떻게 되었을까?

Chapter 2

데이터 사이언티스트의 생생 경험담

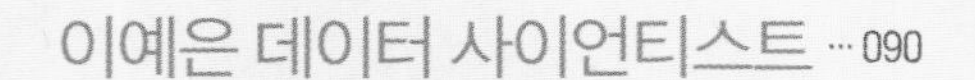

Chapter 3

예비 데이터 사이언티스트 아카데미

Cost
Disk
Petabyte
BIG
Cloud
Manage
Storage
Metadata
Large
Capacity
Sets
Volume
Large
Database
Records
Management
Research
Product 1
Product 2

데이터 사이언티스트

어떻게 되었을까?

데이터 사이언티스트란?

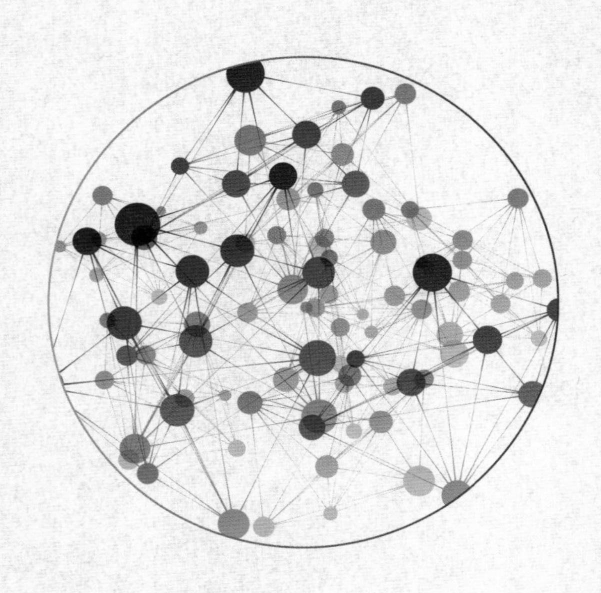

데이터 사이언티스트는
데이터를 수집하고 가공한 후 분석을 수행해
데이터가 의미하는 새로운 인사이트를 제공하고
문제를 해결하는 이를 말한다.

데이터 사이언스의 개념은 아직 명확하게 정의되어 있지 않지만, 데이터 사이언티스트들은 데이터의 세계에서 의미 있는 발견을 할 수 있도록 훈련된, 호기심을 가진 전문가들이라고 할 수 있다.

*출처: 한국데이터베이스진흥원(2016), 〈데이터분석 전문가 가이드〉

데이터 사이언티스트는 데이터의 다각적 분석을 통해 조직의 전략 방향을 제시하는 기획자이자 전략가이다. 한 마디로 '데이터를 잘 다루는 사람'을 말한다.

*출처: 한국정보통신기술협회, 〈최신 ICT 시사상식 2015〉

데이터 사이언티스트는 데이터 사이언스를 하는 사람으로 '기업에서 발생하는 여러 가지 문제를 데이터를 사용해 객관적이고 과학적으로 해결하려는 활동'으로 정의할 수 있다. 즉, '비즈니스 현장에서 발생하는 문제들을 데이터 분석 기술을 이용해 해답을 찾고, 이것을 비즈니스에 적용해서 고객들에게 의미 있는 상품이나 서비스로 제공함으로써 기업 가치를 증대시키는 활동'으로 정의할 수 있다.

*출처: 김진호(2019), 《가장 섹시한 직업 데이터 사이언티스트》, 북카라반

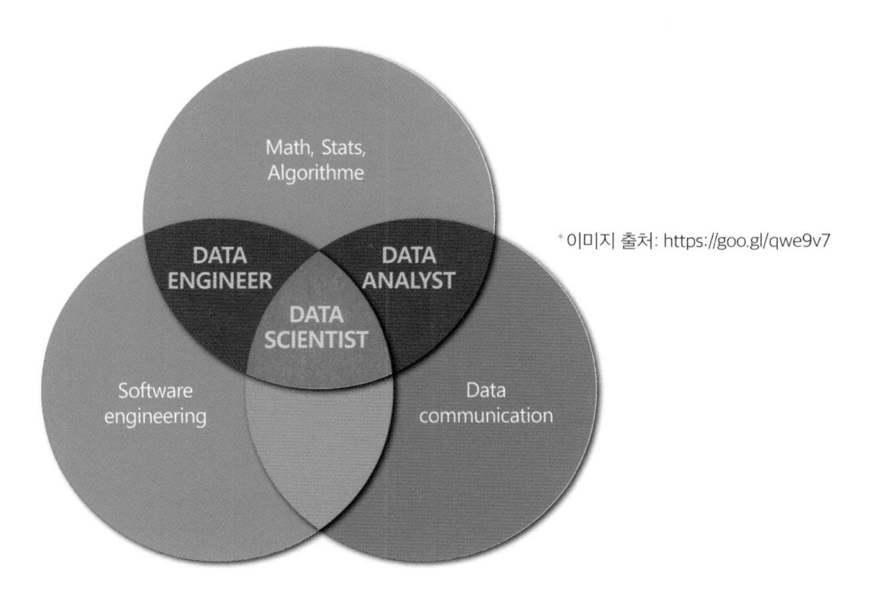

*이미지 출처: https://goo.gl/qwe9v7

그 밖의 데이터 사이언티스트 개념 정의

데이터 사이언티스트란 데이터 과학과 관련된 분야를 전공하고 데이터 분석과 관련된 업무에 종사하는 사람을 말한다.

*출처: 정용찬.(2013), 《빅데이터》, 커뮤니케이션북스

데이터 전문가는 매우 빠르게 생산되고 있는 거대한 데이터를 실시간으로 수집 및 저장하고, 이 데이터를 분석해 가치 있는 정보를 추출하는 일을 한다. 데이터 분석 기획과 데이터 수집, 데이터 분석, 시각화 및 보고서 작성 등으로 구분된다.

*출처: 고용노동부·한국고용정보원(2019), <4차 산업혁명 시대 내 직업 찾기>

데이터 과학자는 빅 데이터를 분석하여 더 나은 결과를 만들어내는 방법을 찾는 사람으로 데이터를 정확하게 이해하고 분석하는 능력이 필요하며 빅 데이터를 분류하고 정확한 논리를 세워 분석할 줄 알아야 한다. 데이터 과학자는 미래에 촉망받는 직업 중 하나로 통계, 수학, 소프트웨어에 대한 지식과 인문학적 상상력이 필요하다.

*출처: 사이언스올 과학백과사전

빅 데이터 전문가(SNS분석가)는 사람들의 행동 패턴 또는 시장의 경제 상황 등을 예측하며 데이터 속에 함축된 트렌드나 인사이트를 도출하고 이로부터 새로운 부가 가치를 창출하기 위해 대량의 빅 데이터를 관리하고 분석한다.

*출처: 커리어넷

데이터 사이언티스트가 하는 일

■ 어떤 일을 하나요?

대량의 빅 데이터를 기반으로 사람들의 행동이나 시장의 변화 등을 분석하는 데 도움이 되는 인사이트를 제공합니다. 구체적으로는 데이터 수집, 데이터 저장 및 분석, 데이터 시각화 등을 통한 정보 제공을 담당합니다.

■ 관련 직업으로는 무엇이 있나요?

데이터 사이언티스트는 거의 모든 분야의 기업에서 내/외부 데이터를 이용하여 분석하고, 기업 경영에 도움이 되는 정보를 만들어 제공합니다. 정보 통신 기술(ICT) 분야의 직업인 컴퓨터 시스템 설계 분석가, 시스템 소프트웨어 개발자, 응용 소프트웨어 개발자 등과 관련성이 높습니다.

■ 어느 분야에서 활동하나요?

데이터 사이언티스트는 금융 분야(신용 리스크 관리, 로보어드바이저), 유통 분야(계절에 따라 생산이나 판매가 달라지는 상품 예측, 백화점 및 매장의 상품 진열), 제조 분야(불량 제품이 발생할 가능성을 미리 알려줌), 서비스 분야, 의료 분야, 공공 분야 등 다양한 영역에서 활동이 가능합니다.

*참고: 교육부, <미래직업 가이드북>

데이터 사이언티스트의 자격 요건

데이터 사이언티스트가 갖춰야 할 능력 벤다이어그램

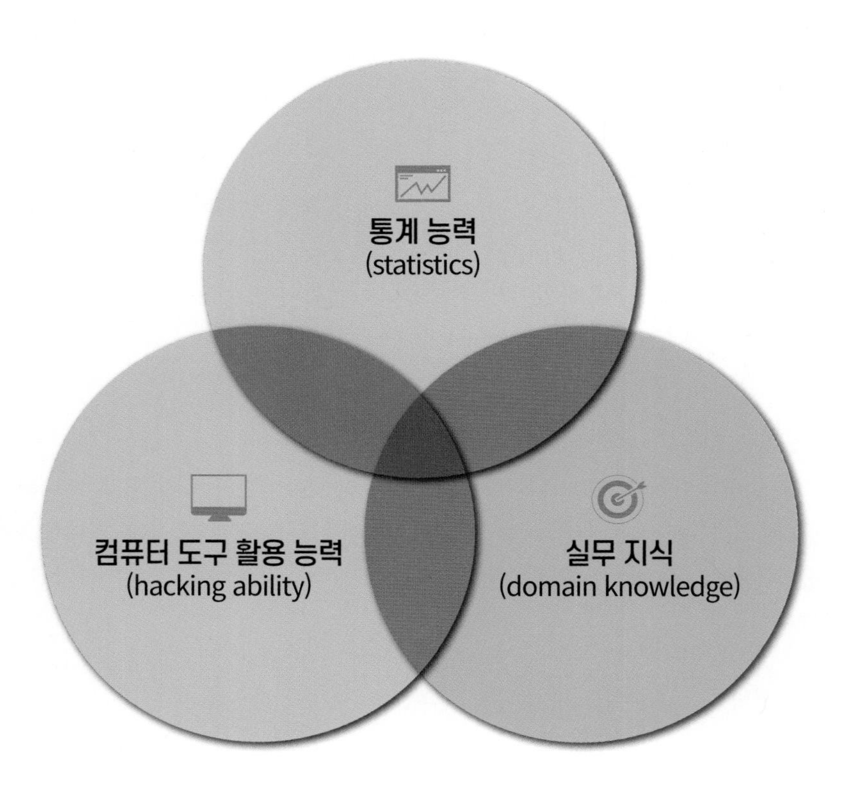

*출처: 권재명(2017), 《실리콘밸리 데이터 과학자가 알려주는 따라하며 배우는 데이터 과학》, 제이펍

데이터 사이언티스트와 관련된 특성

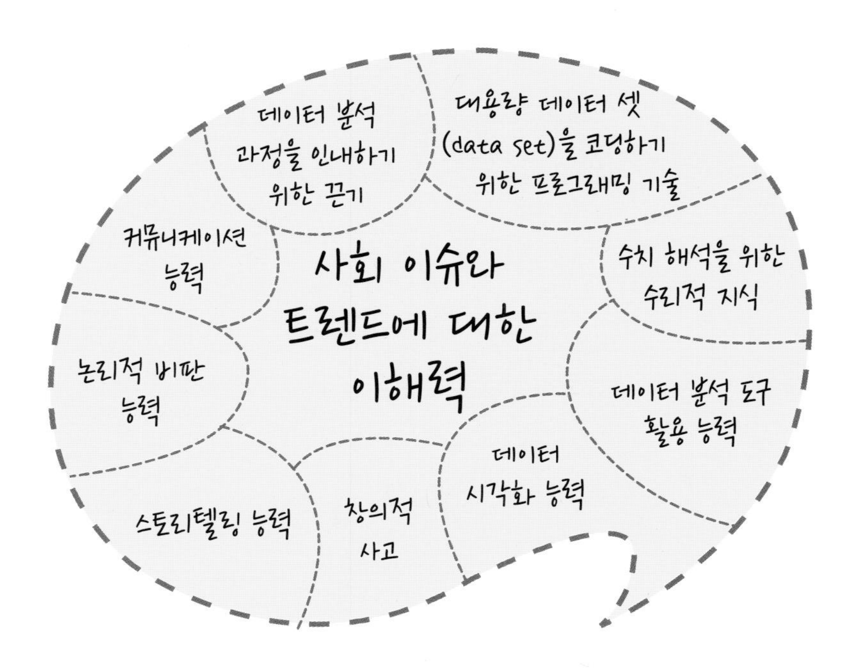

mini interview

"데이터 사이언티스트에게 필요한 자격 요건에는 어떤 것이 있을까요?"

톡(Talk)!
고영혁

데이터 사이언티스트의 업무에는 협동심과 소통 능력이 필요해요.

데이터 사이언티스트가 꼭 갖춰야할 소양은 협동심과 소통 능력이라고 생각해요. 흔히들 데이터 사이언티스트들은 혼자 일을 한다고 생각해요. 하지만 그렇지 않습니다. 다른 사람들과 합심해서 일을 하죠. 일종의 '팀 스포츠'라 할 수 있어요. 팀이 같이 일을 하기 때문에 의사소통과 협력을 잘해야 합니다. 그렇지 못하면 이 일을 하기 어려워요.

톡(Talk)!
김영호

사고의 유연성을 기본적으로 갖춰야 해요.

데이터 사이언티스트로 활동하기 위해서는 다양한 요건이 필요하겠지만, 저는 사고의 유연성을 가장 중요한 요건으로 이야기하고 싶네요. 데이터 사이언티스트로 활동을 시작하면, 다양한 부서, 다양한 업종의 사람과 함께 일할 기회가 많을 것입니다. 이 때, 업종에 따라 배경 지식과 결과를 이끌어내는 방식이 상이하기 때문에 상황에 적합한 사고의 유연성이 참 중요하다고 생각합니다. 그리고 컴퓨터 코딩 능력이나 대학교 수준 이상의 수학, 통계, 전산 등 각종 과학 지식, 데이터 관련 IT 지식 및 기술 등의 능력, 다방면에 걸친 호기심, 마지막으로 열린 마음과 문제 해결을 향한 의지와 끈기 등의 자질도 필요해요.

톡(Talk)!
김유경

꼼꼼한 성격과 공감 능력이 필요합니다.

숫자를 다루는 직업이기 때문에 기본적으로 꼼꼼해야 합니다. 그리고 데이터 사이언티스트는 현 시점의 문제를 풀어주는 사람이기 때문에 공감 능력이 필요하다고 생각합니다. 공감 능력을 갖추고 있다면 직면한 문제를 풀기 위해 여러 가지 방법을 생각해 낼 수 있기 때문이죠. 덧붙여 융합적인 사고를 할 수 있다면 더욱 도움이 될 것입니다.

톡(Talk)!
이예은

사회와 사람에 대한 흥미를 가져야 합니다.

제가 하고 있는 키워드 분석은 빅 데이터 엔지니어가 하는 일과는 크게 달라요. 사회 현상을 보여주는 단편적 정보인 데이터를 이해하기 위해서는 인문학적 소양이 필요합니다. 따라서 사회와 사람의 변화에 대한 흥미가 필수예요.

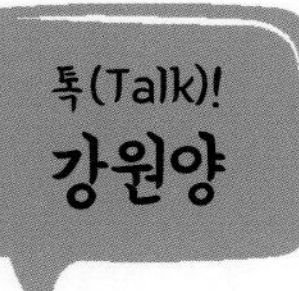

끊임없이 배우고자 하는 의지를 가진 사람이라야 해요.

인내심이 많은 사람에게 적합할 것 같아요. 데이터 시각화는 데이터를 요리조리 살펴보고, 기술과 디자인의 중간 영역에서 끊임없이 배우고자 하는 의지와 열정이 중요한 일이거든요.

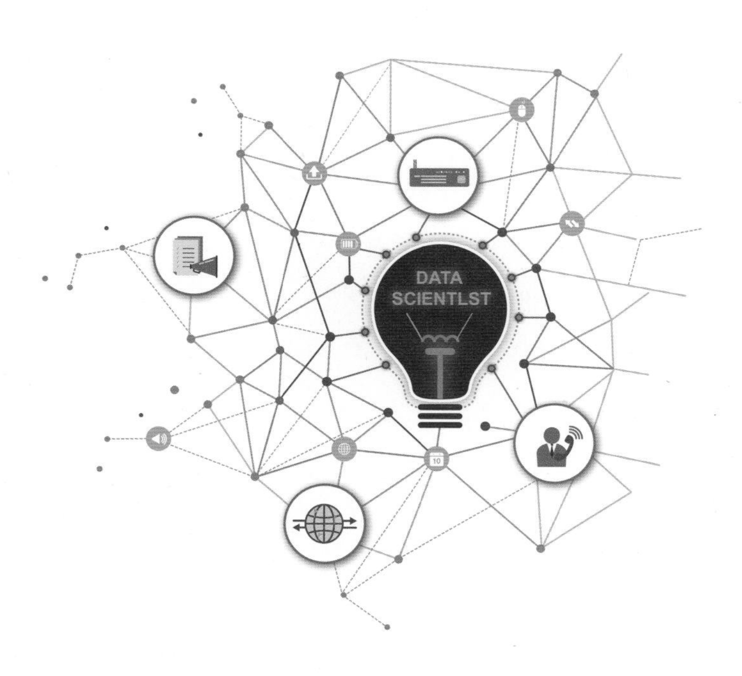

내가 생각하고 있는 데이터 사이언티스트의 자질을 적어 보세요.

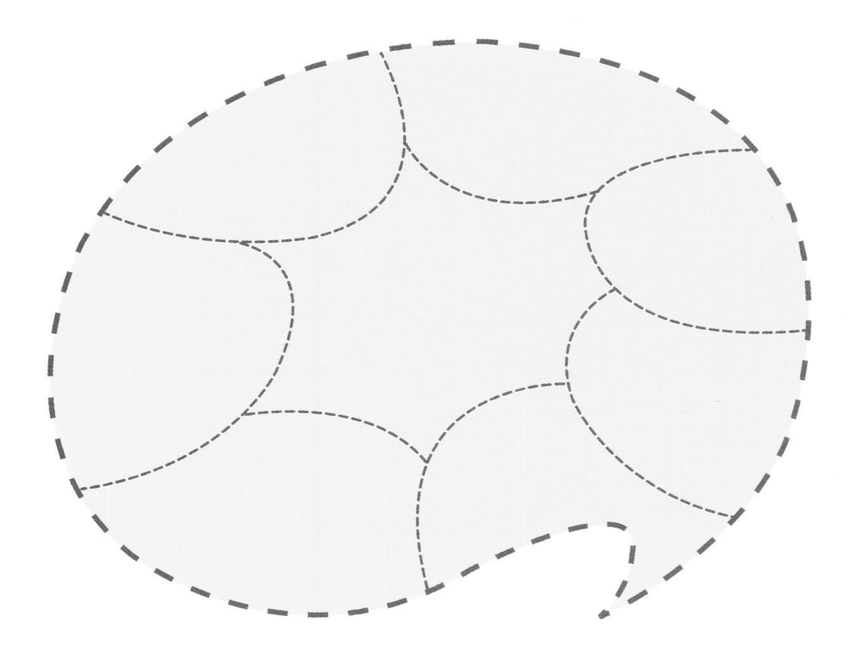

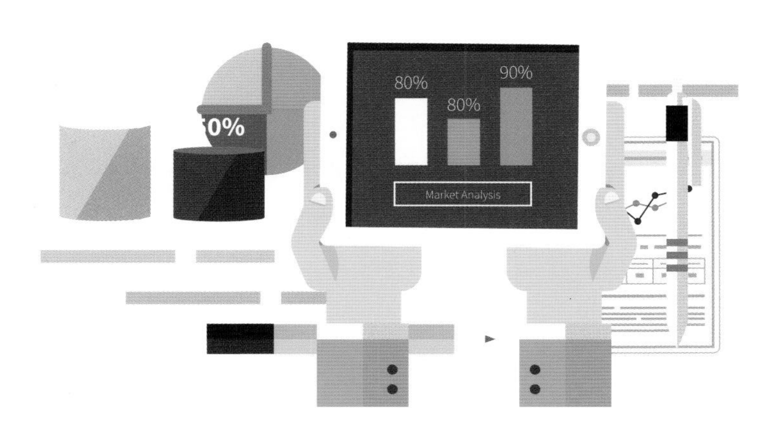

데이터 사이언티스트의 좋은 점·힘든 점

톡(Talk)!
고영혁

| 좋은 점 |

하나의 주제를 둘러싼 다양한 관점을 경험할 수 있어요.

이 직업의 대표적인 좋은 점은, 한 현안에 대해 여러 가지 관점에서 종합적인 이해를 해볼 수 있다는 점입니다. 이 일을 할 때는 여러 사람들과 이야기를 나눌 기회가 많은데, 그렇다 보니 하나의 주제를 둘러싼 다양한 관점을 경험할 수 있어요. 또한, 여러 분야를 다루게 되면 그 과정에서 다양한 데이터를 통해 얻는 값진 통찰이 큰 자산이 되기도 하죠. 단, 그만큼 입은 무거워야 합니다.

톡(Talk)!
김영호

| 좋은 점 |

다양한 사람을 만나며 경험의 폭을 넓혀요.

학계에서는 다양한 분야의 학자를 만날 수 있어서 좋았고, 비슷하게 산업계에 진출해서도 다양한 업종에 종사하는 전문가들을 만날 수 있다는 점이 좋습니다. 각 업종 전문가들의 지식과 통찰이 저에게도 귀중한 재산으로 남은 것 같아요. 이와 같은 경험을 통해 더욱 다양한 기회와 선택지를 확보하며 다음 일을 준비할 수 있다는 점에 만족하고 있습니다.

톡(Talk)!
김유경

| 좋은 점 |

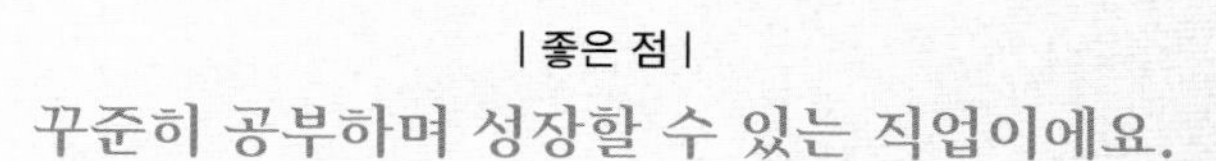

꾸준히 공부하며 성장할 수 있는 직업이에요.

새로운 과제를 통해 매번 색다른 경험을 하고 있고, 업무를 진행하면서 관점을 달리하여 새로운 것을 접목하다 보니 저 역시도 성장할 수 있다는 점이 가장 좋습니다. 보통 현재에 안주하는 경우가 많은데, 데이터 사이언티스트는 꾸준히 공부하고 계속해서 배울 수 있다는 점이 매력적인 직업입니다.

톡(Talk)!
이예은

| 좋은 점 |

사회와 사람에 관한 새로운 것을 배울 수 있어요.

무엇보다 숫자 속에 숨어있는 사람을 관찰하는 재미가 매력적인 분야라고 생각해요. 또한 사회와 사람의 변화를 다양한 주제를 통해 발견하는 재미도 있어요. 그러면서 항상 무엇인가 새로운 것들을 배울 수 있죠.

톡(Talk)!
강원양

| 좋은 점 |

데이터가 내포한 의미를 알아내는 능력을 갖출 수 있습니다.

다양한 분야의 데이터를 경험할 수 있다는 점이 참 재밌어요. 데이터를 활용하는 분야는 아주 넓으니까요. 특히 데이터 시각화를 하면 데이터가 내포한 의미를 직관적으로 알 수 있어요. 이를 바탕으로 사람들을 이해하고, 새로운 시도도 할 수 있죠.

톡(Talk)!
고영혁

| 힘든 점 |

데이터를 대하는 객관적인 자세를 유지해야 하는 직업입니다.

어떠한 사회 현상을 데이터를 통해 보는 작업은 객관적이라고 여겨질 수 있어요. 일하고 있는 데이터 사이언티스트도 자기가 객관적인 자세로 일하고 있다고 생각할 수 있고, 실제로 객관적인 데이터를 가지고 일하고 있으니 그렇게 느껴질 수 있죠. 하지만 일을 하다 보면 자기도 모르게 주관적인 자세로, 데이터를 활용해 자신이 하고 싶은 이야기를 하는 것에 집중해 버릴 수 있습니다. 그렇게 되지 않기 위해 노력해야 해요. 데이터 사이언티스트는 자칫 주관적인 의견이 개입된 해석의 유혹에 빠져들기 쉽거든요.

충분한 체크 없이 의도적으로 특정 요소를 배제하고 분석하면 객관적인 데이터를 가지고도 주관적인 이야기를 할 수 있어요. 그만큼 이 직업은 '난 객관적이고 합리적이야.'라고 스스로를 잘못 포장할 수 있는 위험성 또한 존재합니다.

톡(Talk)!
김영호

| 힘든 점 |

모든 과정에는 인내가 필요해요.

좋은 것은 쉽게 얻기 힘든 것 같습니다. 이 직업의 좋은 점에서 언급한 귀중한 지식과 통찰을 얻기 위해, 호기심을 가지고 끊임없이 질문해야 하고 그 과정에서 적지 않은 시간이 소요되기도 하죠. 인내와 유연함을 가지고 적절한 합의를 이끌어내는 과정 역시 오해가 따를 수도 있고, 사용하는 용어 차이가 있기도 해서 쉽지만은 않습니다.

톡(Talk)!
김유경

| 힘든 점 |

본질적인 문제를 찾기 위한 공감 능력이 필요해요

해결해야 할 문제의 내용을 들을 때, 문제를 정의하기 어려울 때가 있어요. 추상적인 문제를 구체화해야 하는 상황이 많기 때문이죠. 분석을 하기 위해서는 주어진 문제의 본질을 찾아야 해요. 컴퓨터 코딩 프로그램만으로는 문제에 대한 정의 및 해결 방안 역시 찾기가 어렵습니다. '현장에 있는 사람들의 이야기를 들으면 되는 것 아닌가?'라는 단순한 생각을 할 수도 있지만, 이미 발생된 문제에는 많은 요인들이 얽혀 있기 때문에 본질적 해결 방법을 찾기 위해서는 공감이 중요합니다. 서로 공감하며 본질적인 해결 방법을 찾는 과정은 가장 많은 시간이 걸리는 부분이기도 해요.

톡(Talk)!
이예은

| 힘든 점 |

숫자(데이터)를 이해하기 위한 연구와 공부가 힘들 때도 있어요.

내가 관심이 없거나, 전혀 모르던 분야에 대해 연구할 때는 답답하기도 하고, 공부를 정말 많이 해야 해서 힘들기도 해요. 표면적으로는 숫자가 나와 있지만 그 분야의 속사정을 모르면 그 숫자(데이터)를 이해하기 상당히 어려운 경우도 많거든요.

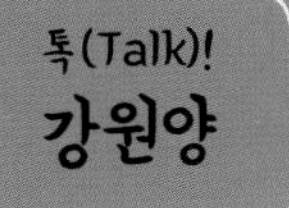

| 힘든 점 |

고객의 눈높이에 맞추어 커뮤니케이션을 해야 한다는 점은 어렵죠.

데이터 시각화에 대해 고객들이 이해하는 수준이 각자 달라요. 차트를 만드는 것만 시각화라고 생각하는 고객도 있고, 아예 데이터 시각화가 무엇인지 모르는 고객도 있죠. 각자 이해하고 있는 수준에 맞추어 커뮤니케이션을 해야 할 때 어려움이 있어요.

데이터 사이언티스트 직업 전망

2012년 10월, Harvard Business Review는 빅 데이터(Big Data)를 특집으로 다루었는데, 데이터 사이언티스트를 21세기 가장 섹시한 일자리(Data Scientist: The Sexiest Job of the 21st Century)로 기사화한 바 있습니다. 또, 미국 구인 구직 플랫폼인 Glassdoor에서 발표한 '2018 미국 최고의 일자리 50개'에서도 데이터 사이언티스트는 3년 연속 1위를 차지하였습니다.

데이터 사이언티스트는 불확실한 환경을 제거하거나 예측하기 어려운 위험을 최소화하는 데 필요한 데이터를 수집, 가공, 분석하여 문제를 해결하는 직업인 만큼 큰 관심을 받고 있습니다. 데이터 분야의 발전으로 기업은 경쟁력을 높일 수 있고, 개인의 삶의 질은 향상되며, 국가 또한 보다 나은 서비스를 국민들에게 제공할 수 있게 됩니다. 데이터 분야는 경영학, 통계학, 컴퓨터공학 등 다양한 분야 간의 협력이 필요하다는 점에서 발전 가능성이 크고, 데이터 사이언티스트의 직업적 전망 또한 밝다고 할 수 있습니다.

*참고: 교육부, <미래직업 가이드북>

DATA SCIENTIST
%
submit
03
02
04
2014
2015
@

데이터 사이언티스트

생생 경험담

미리 보는 데이터 사이언티스트들의 커리어패스

고영혁
데이터 사이언티스트

서울대학교 전기공학부 중퇴 / 연세대학교 경제학, 경영학, 응용통계학 3중 전공 졸업

NHN 콘텐츠전략팀장

김영호
데이터 사이언티스트

한국과학기술원(KAIST) 물리학과 (학사, 석·박사 통합 과정)

한국과학기술원(KAIST) 연수 연구원, 옥스퍼드대학교 INET 방문연구원

김유경
데이터 사이언티스트

성신여자대학교 통계학과 졸업

이화여자대학교 통계학과 석사

이예은
데이터 사이언티스트

서울대학교 사회과학 대학원 인류학과 석사

국제엠네스티 한국지부 인턴

강원양
데이터 사이언티스트

서울여자대학교 사학과 졸업 (행정학 복수 전공)

뉴스젤리 콘텐츠 팀 데이터 기획자

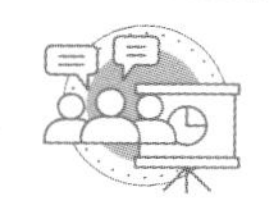     

G-Market 금융사업파트장

(현) Arm 트레저데이터
한국 총괄

삼성SDS 데이터 사이언티스트

현) 한국MSD 데이터 사이언티스트

쿠팡 데이터 분석가

현) GS SHOP 데이터 사이언티스트

CJ E&M StoryOn
(현 O tvN) 채널 편성 PD

드림빌 엔터테인먼트
기획 및 관리

현) Daumsoft Social Data
and Research Analyst

뉴스젤리 브랜드 팀
브랜드 콘텐츠 기획자

현) 뉴스젤리 브랜드마케팅 팀장

공부가 좋아 자기 주도적으로 학습하면서 학창 시절 내내 전교회장을 도맡았던 그는 자신을 도전적이고 주체적인 성격이라고 자평했다. 어려서부터 컴퓨터와 로봇에 관심이 많아 과학고를 거쳐 서울대학교 전기공학부에서 대학 생활을 시작했지만, 학교생활 내내 학문에 흥미를 느끼지 못했다. 급기야 4학년 때 자퇴를 하고 새로운 분야에 도전하고자 연세대 통합학부에 진학해 경제학,경영학, 응용통계학을 3중 전공하게 되었다. 학업을 마치고 직업을 선택할 때, 화두는 '내가 흥미를 가지고 있느냐'였고 결국 데이터를 통해 인사이트를 제공하고 문제를 직접 해결할 수 있는 데이터 사이언티스트가 되기로 결심했다.

NHN 콘텐츠전략팀장, G마켓 금융사업파트장으로 근무할 때도 항상 기준은 흥미를 가지고 배울수 있느냐였다. 2012년에는 창업 지원 프로그램에 당선돼 앱 개발 회사도 창업해 보았다. 지금은 글로벌 데이터 서비스 기업인 Arm트레저데이터의 한국 총괄을 담당하고 있다.

데이터 사이언티스트

고영혁

- 현) Arm 트레저데이터 한국 총괄
- G-Market 금융사업파트장
- NHN 콘텐츠전략팀장
- 연세대학교 경제학, 경영학, 응용통계학 3중 전공 졸업
- 서울대학교 전기공학부 중퇴

데이터 사이언티스트의 스케줄

고영혁
데이터 사이언티스트의
하루

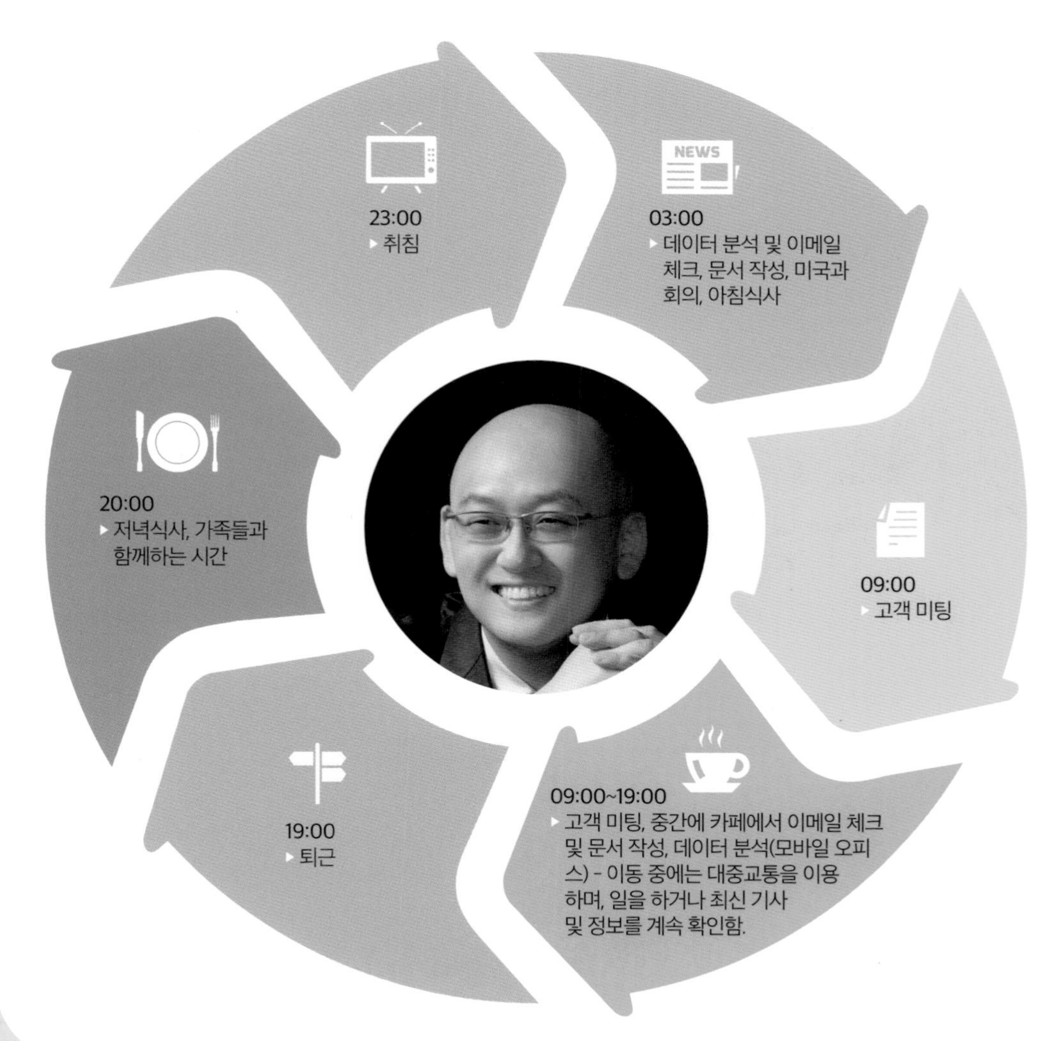

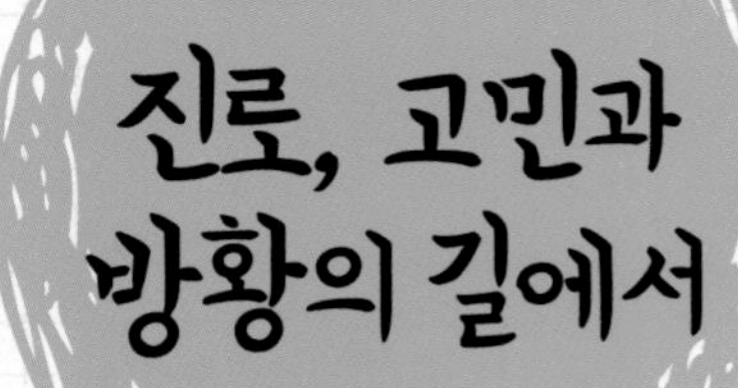

진로, 고민과 방황의 길에서

▶ 2005년, 한 카페에서 찍은 사진

▶ 2011년, 첫 책 《고민이 없다면 20대가 아니다》 소개 인터뷰 방송

Question 먼저 간단한 자기소개를 부탁드립니다.

안녕하세요. '고넥터(Gonnector)' 고영혁입니다. 고넥터(Gonnector)란 단어는 'go to value'와 'connector'를 합친 단어인데요. 가치 있는 사람과 회사, 제품을 찾아내 연결하여, 더 큰 가치를 부여하는 일을 하고자 만든 개인 브랜드입니다. 저는 고넥터로서 데이터를 통해 가치를 실현하는 일을 하고 있습니다. 그리고 2016년부터는 Arm 트레저데이터의 한국 사업을 담당하고 있습니다.

Question 어린 시절에는 어떤 학생이었나요?

전형적인 모범생이었어요. 자기 주도적인 편이라 과외를 받거나 학원을 다니지 않고 스스로 공부를 했어요. 공부는 누가 시켜서 한 게 아니라 스스로 하고 싶어서 했기 때문에 곧잘 했습니다. 또한, 학창 시절 내내 전교회장을 하기도 했어요. 제가 전교회장을 빠짐없이 할 수 있었던 데는 도전적이고 주체적인 성격이 한 몫 했죠.

Question 학창 시절, 꿈과 관심사는 무엇이었나요?

저는 초등학교 2학년 때 8비트 컴퓨터를 처음 접했습니다. 컴퓨터를 하는 것이 재밌었어요. 어린 나이에 컴퓨터를 알게 되면서 나중에 컴퓨터 관련 공부를 하고 싶다는 생각을 막연히 했던 것 같아요. 물론, 컴퓨터 게임도 많이 했고요. 이후에는 로봇에도 관심이 생겼습니다. 변신 로봇의 가장 중요한 부분인 두뇌를 만들어보겠다는 꿈도 가지게 되었고요. 그러던 중, 중학교 때 과학 선생님께서 과학고등학교에 진학해 보길 권하셨습니다. 그래서 과학고등학교에 진학했고 대학에서는 컴퓨터공학을 전공해야겠다고 생각했습니다.

대학교 전공은 어떻게 선택하셨나요?

컴퓨터공학과에 가고 싶었지만 가지 못했습니다. 수능은 잘 봤는데, 본고사를 망쳐 재수를 하게 된 거죠. 재수를 하는 동안 정말 열심히 공부를 했고, 괜찮은 성적을 받았어요. 그런데 막상 원서를 접수하려 하니 겁이 났어요. 당시 컴퓨터공학과의 합격 커트라인은 높았고, 혹시나 떨어지면 삼수를 해야 한다는 불안감이 들었기 때문이에요. 그래서 진학 상담을 받았는데, 그때 저를 상담해 주신 선생님께선 컴퓨터공학과와 비슷한 공부를 하지만 상대적으로 경쟁률이 낮을 것으로 예상되었던 전기공학부를 추천해주셨습니다. 그래서 저는 컴퓨터공학과 대신 전기공학부를 지원했고, 합격 통보를 받았죠. 그런데 나중에 알고 보니, 재미있게도 당시 전기공학부의 경쟁률이 다른 때와 다르게 가장 높게 나타났어요.

전공 공부는 재미있었나요?

제가 평소 관심이 있던 내용을 다루는 컴퓨터 과학이나 경제학, 인류학 같은 수업들은 재미있었어요. 하지만 전공이라서 억지로 들어야 하는 수업에서는 흥미를 느끼지 못했습니다. 이 사실은 성적표에도 고스란히 나타났어요. 과목에 대한 흥미에 따라서 성적이 극과 극으로 성적이 나타났죠. 좋아하는 컴퓨터 사이언스 수업은 성적이 아주 잘 나왔고, 반면에 전자공학과 과목은 하위권을 전전했어요. 그렇다 보니 전체적인 성적은 그리 좋지 않았습니다.

Question 졸업을 앞두고 자퇴를 했는데, 왜 그런 선택을 하셨나요?

전공 수업에 흥미를 붙이지 못하니까 학교생활에도 흥미를 붙이지 못했습니다. 졸업을 1년 앞둔 시점에서 많은 고민을 했어요. 어중간한 성적으로 졸업을 하고 취업을 하는 것이 스스로 용납되지 않았습니다. 성적도 성적이지만 대학 생활 동안 하고 싶은 분야의 공부를 원 없이 해보고 싶었는데, 그렇지 못하다 보니 고민과 방황을 많이 하게 되었죠. 그래서 마지막으로 4학년 1학기 전공 필수 과목에 전념을 다하기로 했어요. 성적이 좋지 않은 수업만 골라 다시 죽어라 공부를 해서 중간고사를 봤는데, 성적이 생각보다 좋지 않았어요. 이 분야는 내가 있을 곳이 아니라는 생각을 하게 되었고, 차라리 지금까지의 대학 생활은 리셋하고 새로운 대학에 들어가야겠다는 판단이 들어서 자퇴를 결심했습니다. 부모님께 자퇴하겠다고 말씀을 드리고, 그 해 수능을 다시 봐서 연세대학교 00학번 통합학부 신입생이 되었죠.

Question 컴퓨터공학이 아닌 다른 전공을 선택한 이유가 있나요?

똑같은 것을 하기 보다는 새로운 분야에 도전해 보고 싶었습니다. 원래대로라면 컴퓨터공학을 전공했어야 해요. 하지만 이전의 학교생활과 다른 생활을 하고 싶었어요. 그래서 공대가 아닌 상경대를 선택했습니다. 제가 새롭게 입학한 통합학부는 공대를 제외한 문과 계열의 학과라면 어느 곳이나 선택이 가능한 곳이었어요. 전 사실 학창 시절에도 전형적인 이과생은 아니었고, 사회 수업도 좋아했죠. 생각해 보면 이과와 문과의 중간쯤에 있었던 학생이었던 것 같아요. 새롭게 입학한 학교에서 실제로 수업을 들어보니 재미있었어요. 그러다 보니 자연스럽게 경제학, 경영학, 응용통계학을 모두 전공하게 되었습니다.

Question 기존 학교를 자퇴하고 새로운 전공을 공부한 것에 대해 후회는 없나요?

후회는 없습니다. 오히려 자퇴하길 잘했다고 생각해요. 공학부터 통계학, 경영학, 경제학을 전공하다보니 자연스럽게 융합형 인재가 된 것 같아요. 데이터 사이언스에서는 한 분야를 다른 분야의 관점에서 생각해 보는 것이 중요한데, 대학 시절에 이런 훈련을 많이 한 것이 도움이 됐습니다.

Question 대학 시절에 진로 고민은 없었나요?

새로 진학한 대학교에서 3학년이 된 이후 본격적으로 진로에 대한 고민이 들기 시작했어요. 공부를 이어서 해야 할지, 아니면 일을 해야 할지 고민했죠. 고민을 하다 보니 아무래도 공부를 더 해야겠다는 느낌이 들었고, 또 다른 동기들보다 공부를 오래 했으니 대학원까지 이어서 가는 것이 분명히 효율적일 것 같다는 생각도 들었습니다. 하지만 대학원에서 무엇을 공부할지는 쉽게 정하지 못했는데요. 이 무렵 선배들을 자주 만나 많은 이야기를 나눴고, 많은 선배들이 해외 유학이나 MBA, 그리고 금융공학 분야 등을 추천해 주셨어요. 당시 저는 뭔가 배우면서 사용할 수 있는 실용적인 학문, 융복합적인 것을 배우고 싶었어요. '융합성'과 '실용성'을 키워드로 어떤 공부를 할 수 있을지 고심을 했는데, 그런 것을 배울 수 있는 대학원이나 연구실, 커리큘럼 등은 찾기가 어려웠어요. 교수님들도 제가 공부해야 하는 분야가 어떤 것인지 딱히 모르겠다고 하셨고요. 그래서 우선은 일을 하다가, 배우고 싶거나 필요한 분야가 있으면 나중에 공부를 하는 것으로 결정했습니다.

어느 곳에서 일을 할지 고민할 때, 주변에서는 소위 말하는 외국계 컨설팅 회사를 추천해 줬어요. 그래서 관련 기업에서 일하는 선배들을 만나 이야기를 들어봤는데, 제가 생각했던 것과는 거리가 있었습니다. 저는 매뉴얼에 맞추어 일하거나 틀에 갇히는 것을 싫어하고, 어떤 대안이 있는지만 찾아주는 것보다 실질적으로 그 대안을 적용해서 문제를 해결해 주는 것을 선호했어요. 실제 경험을 통해 문제를 해결하고, 문제 해결 과정을 주도할 수 있는 일을 해야 직업에 대한 만족도가 높을 것 같았죠. 직업을 선택할 때 무엇보다 중요했던 건 '내가 흥미를 가지고 있느냐'였습니다. 결국 외국계 컨설팅 회사도 제가 생각했던 바를 충족시킬 수 없다고 판단했고, 가장 좋아하는 게임과 관련된 여러 가지 일을 하면서 앞으로의 일을 찾아보기로 결심했습니다. 저는 진로에 대해 정말 많은 고민을 하며 살아왔는데, 이 과정을 청년들, 청소년들과 공유하고 싶어 《고민이 없다면 20대가 아니다》라는 책을 직접 쓰기도 했어요.

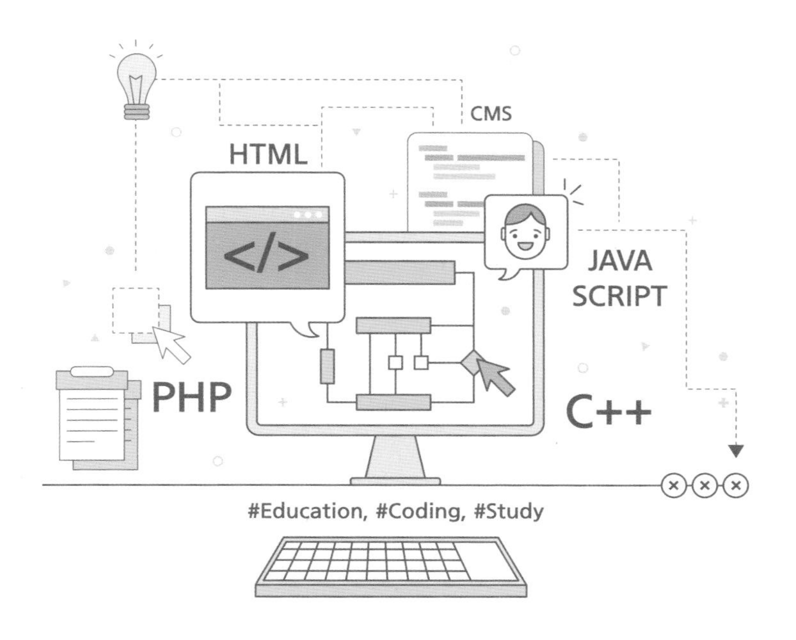

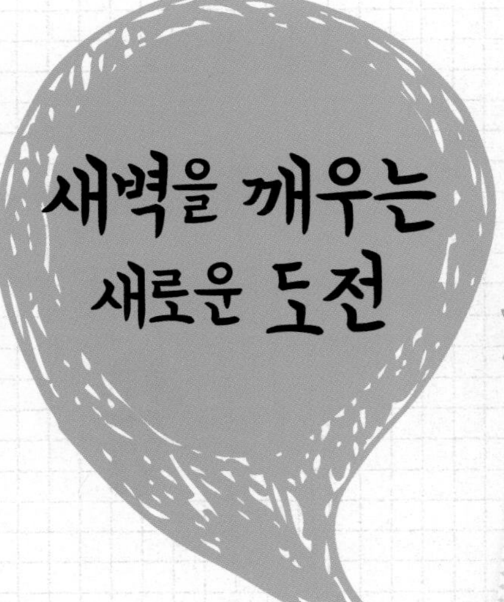

▸ 2012년, 미국에서 스타트업 준비 중 테크크런치 부스 활동

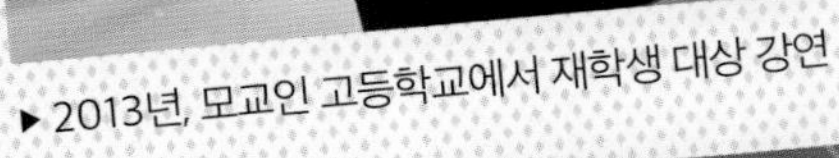

▸ 2013년, 모교인 고등학교에서 재학생 대상 강연

Question 첫 직장에서는 어떤 일을 하셨나요?

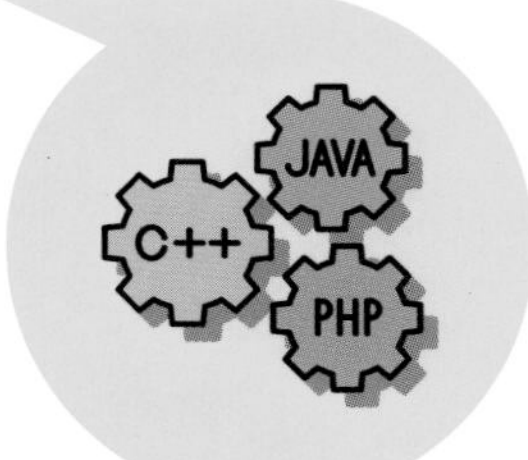

2003년, 인생에서 첫 업무를 시작한 곳은 NHN 한게임이었어요. 대학교 4학년 2학기 때 입사 지원을 했고, 합격했기 때문에 대학 졸업 전까지는 학업을 병행하면서 직장에 다녔습니다. 당시는 고스톱이나 포커 게임이 인기가 높았던 시기였는데, 업계 1등이었던 한게임이 다른 기업에 밀려 2등을 하고 있었어요. 그래서 회사에서 다시 1등 탈환을 위한 *킬러 애플리케이션을 만들고자 했죠. 저는 그 킬러 앱을 만드는 TF(task force)팀의 서브 프로젝트 매니저로 커리어를 시작했습니다. 그곳에서 제가 스스로 찾아서 만들어낸 업무는 데이터를 통해 이용자가 어떤 상황에서 게임을 더 즐길 수 있도록 하는지 예측하는 것이었어요. 게임을 이용하면 이용 내역이 모두 데이터로 남게 되는데, 그것을 분석해서 사용자가 어떻게 게임을 즐기고 있으며, 어떤 식으로 게임이 진행되어야 아이템을 더 구매하고 오랫동안 게임을 할 수 있는지 예측하는 거죠. 분석을 통해 앱을 만들었고 1위를 탈환했어요. 이후 다른 게임에서도 데이터 분석을 통해 이용자 측면에서 최적화된 서비스를 제공할 수 있도록 했고요.

그리고 NHN 한게임에서 일을 하면서 공부하고 싶은 분야가 무엇인지 알게 되었는데, 바로 인지과학 분야였어요. 인지과학은 쉽게 말해 사람이 어떻게 외부 환경에서 정보를 받아들이고 그것을 머리에서 처리하고 판단하고 느끼며, 그 결과 어떻게 행동하는지에 대한 전 과정을 연구하는 분야입니다. 융·복합적인 성격을 가지고 있고, 실용적으로 활용할 수 있는 분야이기도 하죠. 그래서 인지과학 대학원에 들어가 공부를 즐겁게 했습니다. 유학을 가서 박사 과정 공부를 이어서 하고자 했으나 당시 개인적인 사정으로 학업을 끝까지 마치진 못했습니다.

*킬러 애플리케이션(killer application): 주로 컴퓨터 프로그래밍 소프트웨어 제품 중, 그 제품을 사용하는 데 필요한 하드웨어나 운영 체제 등의 플랫폼까지 구매하게 만들 정도로 인기와 수요가 높은 응용 프로그램 제품을 말한다. 줄여서 킬러 앱(killer app)이라고도 한다.

Question 대학원을 그만 두신 후에는 어느 곳에서 일하셨나요?

대학원을 그만둔 뒤에는 다양한 상품을 판매하는 G마켓(Gmarket)에서 근무하게 되었습니다. 제가 입사할 당시 G마켓에서는 대출이나 신용 카드, 보험 등의 금융 상품도 팔고 싶어 했어요. 그래서 저는 사람들의 구매 데이터를 분석해서 현재 고객이 어떤 라이프 사이클에 위치해 있는지 유추하고, 그 시기에 맞는 금융 상품을 추천하여 매출을 높이는 방법을 설계하였습니다. 그 방법을 실현하는 일도 고안해서 실행하였죠. 예를 들면, 어떤 고객이 출산 용품이나 기저귀, 분유 등을 구매하면 태아 보험 등을 추천하고, TV와 냉장고, 침대 등을 함께 구매하는 고객은 혼수 용품을 준비하고 있을 확률이 높기 때문에 상황에 맞는 적금이나 보험 상품 등을 안내하는 것이죠. 그리고 그 고객이 홈페이지 내에서 어떠한 동선으로 움직이는지를 파악해 노출이 잘 되는 곳에 적절한 광고를 실시하여 좋은 성과를 만들기도 했습니다. G마켓은 이베이(eBay)가 인수할 시기인 2009년쯤 그만뒀습니다. 당시 몸이 안 좋기도 했고요. 그래서 퇴사 후 3개월 동안 휴식기간을 가졌고 이후에는 헤드헌터 일을 했습니다.

Question 헤드헌터 일은 어떻게 시작하게 되셨나요?

회사를 다닐 때도 내 비즈니스를 하려는 생각이 있었는데, G마켓을 퇴사한 이후 사업아이템이 구체화되지 않았어요. 그래서 공부를 하면서 시간 관리도 스스로 할 수 있는 일을 찾다가 헤드헌터 일을 시작하게 되었습니다. 헤드헌터는 회사가 채용하기를 원하는 좋은 인재를 찾아 회사에 연결해 주는 역할을 하는데 일을 하면서 정말 다양한 사람들을 만났어요. 회사의 인사팀이나 실무자들을 자주 만나 이야기를 나누면서 회사들이 어떤 사람을 뽑으려고 하는지 알게 되었고, 관련 업계의 주요한 흐름이나 고급 정보들도 많이 알게 되었죠. 그리고 일을 시작하기 전에는 전혀 기대하지 못했던 부분인데, 일을 하면서 사람에 대한 이해도도 높아졌어요. 적절한 사람을 회사에 소개하기 위해서는 그 사람을 저 자신처럼 이해해야만 했거든요. 그래서 상담을 많이 했죠. 일대일로 만나 최소 1시간부터 5시간까지 다양한 이야기를 하곤 했어요. 그 과정에서 사람에 대한 이해가 정말 중요하다는 것을 느끼게 되었습니다. 과거 직장에서 수십 만 명, 수백 만 명의 행동 패턴을 데이터로 파악했다면, 헤드헌터로 일하면서는 한 사람이 어떤 상황에서 어떤 감정을 갖고 의사 결정을 하게 되는지 질적 판단을 하게 된 것이죠.

Question 회사를 옮기거나 새로운 일을 시작할 때 나만의 기준이 있었나요?

내가 일에 흥미를 느끼는지와 내가 배울 것이 있는지가 기준이었습니다. G마켓에 간 것도 그런 이유에서였어요. 당시 G마켓은 업계 1위였지만 계속 새로운 도전을 하고 싶어 했죠. 보험, 신용 카드, 적금 같은 금융 상품 쪽으로요. 저도 평소 금융에 관심이 있던 차에 좋은 기회라 생각했습니다. 헤드헌터를 선택한 이유도, 이후 창업을 하게 될 때 헤드헌터로서 경험하고 배우며 쌓는 자산이 큰 도움이 될 것이라는 확신이 들었기 때문입니다.

Question 직접 창업을 하신 시기는 언제인가요?

헤드헌터 일을 하다가 2012년쯤에 좋은 창업 아이템이 떠올라 정부의 창업 지원 사업 두 개에 제안을 했어요. 두 사업 모두 당선이 되었는데, 한 사업에서는 지원금을 받았어요. 나머지 한 프로그램은 다른 창업 팀들과 경쟁을 하는 지원 사업이었는데, 선발된 26개 팀이 미국 실리콘밸리 현지에 가서 기술, 경영 노하우 등의 교육을 받은 후 경쟁 PT를 실시

하고, 최종 1등 팀은 투자 약정을 하는 프로그램이었어요. 그때 저희 팀이 마지막까지 남은 공동 1등 팀이 되었어요. 이 과정이 'MBC 프라임'이란 TV 프로그램에 소개되기도 했습니다.

창업한 비즈니스는 어떤 분야였나요?

2012년 초는 소셜 미디어 문화가 무르익어 가고, 스마트폰 기능도 좋아지고 있는 시기였어요. 카메라보다 스마트폰으로 사진을 찍는 일이 더 많아지던 때라 인스타그램을 이용하는 사람도 폭발적으로 증가했습니다. 그러다보니 자연스럽게 일반적인 디지털 사진에 남는 데이터인 날짜, 노출, 셔터 스피드 등의 정보 외에 구체적인 장소 정보, 사진에 태깅된 함께한 사람들, 사진을 찍은 사람이 사진에 남긴 코멘트, 주위 사람들의 댓글 등 사진이라는 추억에 관련된 구체적인 맥락 데이터들이 사진에 따라붙는 상황이 되었습니다. 이런 맥락 정보는 여러 비즈니스에도 아주 중요하다고 믿고 있었기 때문에 어떻게 해서든 이것을 체계적으로 모은 빅 데이터를 확보하고 싶었어요. 그러려면 많은 사람들이 자신의 데이터를 동의 하에 제공해야 하는데, 그럴만한 명분이 있어야 했죠. 그런데 당시 스마트폰에 있는 기본 사진 앨범은 사진을 스마트하게 관리하고 정리하기에는 굉장히 불편했기 때문에, 맥락 정보를 활용해서 사진을 스마트하게 정리해 주고 감각적인 슬라이드 영상도 자동으로 만들어 주는 앱을 만들어 많은 사람들이 자신의 페이스북, 인스타그램 사진들을 이 앱을 통해 관리하면서 사용자 동의를 거쳐 자연스럽게 관련 데이터도 제공하게 하여 이를 수집하고자 했습니다.

이 앱 서비스를 기획할 때, 데이터를 설계하고 모아서 가치 있는 콘텐츠로 만들어 내고 싶다는 생각이 들었어요. 서비스를 제공할 때는 사람 중심으로, 사람의 관점에서 이해하는 접근을 했고요. 그리고 이건 참 중요한 부분인데, 데이터만 가지고 사람들을 설득하는 것보다 사람들과의 교감을 통해 데이터를 이해시키는 것이 더 큰 시너지를 낼 수 있었습니다. 그래서인지 이 서비스에 대한 당시 투자자들의 반응도 좋았어요. 하지만 정식 버전을 만들기 위해서는 높은 수준의 엔지니어가 필요했는데, 그런 인력을 구하지 못해 서비스를 종료하게 되었습니다. 3년 정도의 시간이 흐른 뒤에, 예상대로 이 서비스와 매우 유사한 서비스를 구글과 애플이 제공하기 시작했습니다. 그때의 경험은 지금 이렇게 글로벌 회사에서 여러 가지 일을 할 수 있는 기반이 되었어요. 글로벌한 감각이 무엇인지도 알게 되었죠. 그 경험이 없었다면 지금 회사에서 일하기 어려웠을 것 같아요. 그리고 글로벌 기업들은 다양한 국적의 좋은 사람들을 필요로 하고 있기 때문에, 데이터를 포함한 특정 분야에 역량이 있다면 꼭 영어 실력도 함께 길러서 기회를 놓치지 않았으면 합니다.

Question 지금 일하고 계신 Arm 트레저데이터와는 어떻게 인연을 맺게 되었나요?

미국에 다녀온 후 1인 기업 고넥터(Gonnector)의 대표로서 *그로스 해킹, 데이터 사이언스, *서비스 디자인, *HR 등의 분야에 대한 교육을 하고, 경희사이버대학교 모바일융합학과의 겸임교수로도 일을 하며 데이터 사이언스 관련 과목을 가르치고 있었습니다. 그 밖에도 라이언 홀리데이의 《그로스 해킹(Growth Hacking)》이란 책을 번역해 출판했어요. 책 출판을 기념해 가진 사인회 자리에서 트레저데이터란 회사를 알게 되었고, 그것을 시작으로 Arm 트레저데이터의 한국 총괄을 담당하게 되었습니다.

* 그로스 해킹(growth hacking): 성장을 뜻하는 그로스(growth)와 해킹(hacking)의 합성어로, 고객의 취향을 파악하고 상품 및 서비스의 개선 사항을 계속 점검, 반영하여 광고 효용을 높이고 사업의 성장을 촉구하는 온라인 마케팅 기법
* 서비스 디자인(service design): 서비스 제공자와 사용자의 상호 작용을 고려하여 서비스의 총체적인 과정과 시스템을 디자인하는 것
* HR: 인적 자원(human resource)

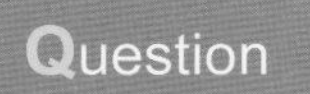

Question 요즘은 하루를 어떻게 보내시나요?

저는 새벽부터 하루 일과를 시작합니다. 보통 새벽 3시쯤 일어나 Arm 트레저데이터의 미국 본사와 미팅을 갖습니다. 미팅이 끝나면 출근 전까지 데이터 분석 작업을 하거나 이메일 체크 등 개인적인 업무를 처리합니다. 출근은 보통 8~9시 사이에 하고, 업무는 9시부터 시작해요. 낮 시간, 저의 주된 업무는 고객, 가망 고객, 파트너사들과의 미팅인데요. 여러 곳을 돌아다니며 하루 평균 3건 정도 미팅을 하고 많게는 6~7건씩 하기도 합니다. 그렇게 업무를 마치고 7시쯤에 퇴근을 합니다. 퇴근 후에는 가족들과 함께 시간을 보내다가 잠자리에 일찍 드는 편입니다.

Question 고객과의 미팅에서는 어떤 이야기를 나누시나요?

다양한 분야의 주제로 미팅을 하지만 회사의 비즈니스 문제와 데이터를 통해 문제를 해결하는 방안에 대한 내용을 주로 이야기합니다. 회사의 핵심 서비스가 무엇이고 현재 서비스에서 어떤 부분을 개선해야 하는지, 현재 회사가 가지고 있는 데이터를 어떻게 활용할 수 있을지에 대한 고민을 함께 해 나갑니다. 그리고 어떠한 도구를 활용해서 데이터를 분석하고 문제를 해결할 수 있을지에 대해서도 이야기를 나누는데, 저는 이때 Arm 트레저데이터를 도입한 사례를 고객들에게 설명합니다. Arm 트레저데이터는 데이터를 통해 회사가 사업적인 성과를 낼 수 있도록 여러 가지 관련된 일을 해결해 주는 도구라고 생각하면 쉽게 이해할 수 있을 것 같네요. 고객들에게 글로벌 회사들의 성공 사례들을 알려주고, Arm 트레저데이터란 도구를 어떻게 변형해서 저마다의 상황에 적용할 수 있을지에 대해서도 이야기합니다. 그리고 우리가 예상하는 결과가 발생했을 때, 서비스를 어떻게 확장하고 데이터를 어떻게 활용할 지에 대한 이야기도 나누죠. 때때로 문제 해결을 위한 자문 미팅도 있습니다. 회사 내 프로젝트가 있을 때 방향을 설계해 주거나 디테일한 부분은 어떻게 처리해야 하는지 알려주고, 제품 브랜딩은 어떤 식으로 해야 하는지에 대해 컨설팅을 하기도 합니다.

Question 특히 기억나는 프로젝트는 무엇인가요?

한 게임 회사의 매출을 높이기 위한 프로젝트를 진행했던 때가 기억에 남습니다. 그 프로젝트에는 개발자, 기획자, 디자이너를 비롯해 회사 각 부문의 리더들이 모두 참여했는데 처음에는 모두 의심 반 믿음 반 같았어요. 이후 2~3개월 정도 함께 일을 해 나가면서 차근차근 실제 성과를 냈고, 어떤 식으로 회사의 서비스를 개선시켜야 하는지 몸소 느끼게 되면서 저에 대한 믿음이 생기기 시작했죠. 그 프로젝트가 성공적으로 끝나고 나서 1년쯤 지났을 때, 프로젝트에 참여했던 개발자 한 분이 저에게 이메일을 보내 오셨어요. 자신은 그 프로젝트를 마친 후 영국에 가서 일을 하고 있는데, 함께 했던 프로젝트의 경험이 영국에서도 큰 도움이 되고 있다는 내용이었죠. 당시 프로젝트에 함께 참여하면서 데이터를 어떻게 활용해야 할지를 배우게 되었고, 그것을 새로운 회사에서 적용했더니 많은 분들에게 인정을 받을 수 있었다고 해요. 참 뿌듯했어요. 데이터를 통해 실질적인 문제 해결을 해 내는 저의 방법론이 국내만이 아니라 글로벌 시장에서도 통한다는 것을 확인하게 된 거죠.

실질적인 가치를 만드는 일

▸ 데이터 사이언티스트는 뭔가를 새롭게 배우는 것에 흥미를 느껴야 해요.

Question

바쁜 스케줄을 소화하기 위해 어떻게 건강과 체력 관리를 하시나요?

최대한 많이 걸으려고 해요. 특별한 시간을 내지 않아도 평소에 많이 걸으면 운동 효과가 꽤 있거든요. 그리고 저는 완전히 체력적으로 방전되기 전에 잠깐 쉬면서 충전을 하고 다시 일을 하는 습관이 있어요. 중간중간 휴식 시간을 갖는 거죠. 쉬는 동안에는 게임이나 만화, 영화 등에 몰입해서 즐기는 편입니다. 여러 가지 콘텐츠를 보면서 영감을 많이 얻기도 하고요. 또 아이들과 함께 시간을 보내며 놀아주기도 합니다. 가족은 제게 큰 힘이 되어 주기 때문에 되도록 많은 시간을 함께 보내려고 하지만, 사실은 많이 부족해서 미안해 하고 있습니다. 데이터 사이언티스트 직업은 사실 업무량이 꽤 많기도 해요. 저는 이 직업을 기반으로 Arm 트레저데이터의 한국 사업을 바닥부터 만들어가는 역할을 하다보니 더욱 바쁜 것도 있지만요.

Question

삶의 비전은 무엇이며, 그것을 위해 어떤 노력을 하고 계신가요?

평생 다양한 곳에 도움을 줄 수 있는 행동을 하고, 그런 행동을 즐기면서 사는 것이 목표입니다. 구체적으로는 데이터를 잘 활용해서 실질적인 가치를 만드는 일을 하면서 살고 싶습니다. 지금까지의 경험 그리고 앞으로 하게 될 경험을 통해 얻은 내용들을 많은 분들과 공유하고 싶고요. 매번 특정한 이득을 취하려 하기 보다는 저를 통해 자연스럽게 세상의 사람들이 연결되어 좋은 일들이 생겨나고 그 과정을 지켜보면서 즐거워하는 삶을 살고 싶습니다.

이를 위해 단기적으로는 소프트뱅크의 자회사이기도 한 Arm의 한국 데이터 사업을 담당하며, 국내의 많은 기업들이 데이터를 통해 실질적인 비즈니스 성과를 내는 데에 저희 제품을 통해 계속 기여하며 노하우를 쌓고 있습니다. 단기적인 목표와 장기적인 목표를 모두 이루기 위해 계속 데이터 사이언스 분야에 대한 공부도 하고 있고, 현업의 다양한 분들과 함께 여러가지 프로젝트를 진행하면서 현장 감각을 유지하는 것도 중요한 숙제입니다. 그리고 무엇보다 건강 관리도 앞으로는 꾸준히 해야 할 것 같습니다.

Question 데이터 사이언티스트가 되기 위해 무엇을 준비해야 할까요?

데이터 사이언티스트는 끊임없이 공부해야 하는 직업입니다. 뭔가를 새롭게 배우는 것에 항상 흥미를 느껴야 해요. 그리고 앞으로 이 분야에서 인정받는 사람은 비즈니스와 서비스, 데이터를 종합적으로 바라보면서 가치를 종합적으로 창출하는 사람이 될 것입니다. 따라서 코딩 공부도 중요하지만 자신이 좋아하는 분야를 찾아 공부하고, 관련된 일을 제대로 경험해 보는 것도 매우 중요합니다. 그러한 경험이 훗날 데이터 사이언티스트가 되었을 때 가치 있는 것을 발굴해내는 데 도움이 되기 때문이죠.

데이터 사이언티스트를 꿈꾸는 학생들에게 해주고 싶은 말이 있으신가요?

데이터 사이언티스트가 되기 위해서는 다양한 역량이 필요하다고 많은 사람들이 이야기하는데, 한 사람이 모든 역량을 갖출 수는 없다고 생각해요. 그래서 다양한 경험을 통해 내가 수학을 잘하는지, 잘 표현할 수 있는 시각화 업무가 잘 맞는지, 개발 업무가 잘 맞는지 찾아야 해요. 아직 시간이 많고 가능성도 크기 때문에 무언가를 시도할 때 겁을 먹지 말고 다양한 도전을 하면서 내가 즐거워하고 나에게 맞는 일이 무엇인지 찾는 것이 중요합니다. 그 경험 속에서 어떤 것은 재미있고 다른 것은 재미가 없다는 정도만 느껴도 충분합니다. 무엇을 제일 좋아하는지를 떠나서 상대적으로 더 좋아하는지를 알기 위해서 다양한 경험을 하면 좋을 것 같습니다.

부모님 덕분에 컴퓨터를 일찍 접했고, 어릴 적부터 컴퓨터 프로그래머를 꿈꿔왔다. 컴퓨터를 활용한 데이터 과학자가 되었으니 어린 시절 꿈을 어느 정도 이룬 셈이다. 과학고 졸업 후 한국과학기술원(카이스트, KAIST)에서 물리학을 전공하고, 삼성SDS를 거쳐 현재는 한국MSD에서 데이터 과학자로 일하고 있다.
대학 시절에는 물리학 이론 연구에 심취했는데, 우연히 연구실 동료 선배의 데이터 분석과 시각화에 대한 발표를 듣고 매우 매력적인 일이라고 생각하고 공부를 시작하였다. 박사 학위 취득 후 첫 직장이었던 삼성SDS에서 데이터 분석, 가공, 저장 업무 등을 담당했으며, 현재 한국MSD에서 마케팅 분석, 데이터 기반 투자 결정 등 각종 데이터 기반 업무를 진행하고 있다. 데이터를 분석해 미래를 예측하고 긍정적인 효과를 이끌어 낼 때 보람을 느낀다는 그는 관련 분야의 강연이나 저술 활동도 적극적으로 펼칠 생각이다.

데이터 사이언티스트

김영호

- 현) 한국MSD 데이터 사이언티스트
- 삼성SDS 데이터 사이언티스트
- 한국과학기술원(KAIST) 연수연구원, 옥스퍼드대학교 INET 방문연구원
- 한국과학기술원(KAIST) 물리학과(학사, 석·박사 통합 과정)
- 전북과학고등학교 졸업

데이터 사이언티스트의 스케줄

김영호
데이터 사이언티스트의
하루

07:00 ~ 08:00
▸ 출근 준비, 아침 식사

08:00 ~ 09:00
▸ 출근

09:00 ~ 12:00
▸ 이메일 확인, 분석 방향 및 결과 회의, 데이터 분석 및 모델링 작업

12:00 ~ 13:00
▸ 점심 식사

13:00 ~ 15:00
▸ 이메일 확인, 분석 방향 및 결과 회의, 데이터 분석 및 모델링 작업

15:00 ~ 16:00
▸ 티타임 및 미팅

16:00 ~ 18:00
▸ 이메일 확인, 기술 동향 파악, 데이터 분석 및 모델링 작업

18:00 ~ 19:00
▸ 퇴근, 저녁 식사

20:00 ~ 21:00
▸ 이메일 확인, 집안일

22:00 ~ 23:00
▸ 운동

23:00 ~ 24:00
▸ 취침 준비

▶ 다섯 살, 유치원 첫날 아침

▶ 초등학교 3학년 때의 나

▶ 대학교 졸업식

Question

간단한 자기소개를 해주세요.

안녕하세요. 저는 데이터 과학자 김영호입니다. 한국과학기술원(카이스트, KAIST)에서 물리학을 전공했고, 삼성SDS 데이터 과학자(사이언티스트)를 거쳐 현재는 한국MSD에서 데이터 과학자로 일하고 있습니다.

Question

어린 시절에는 어떤 학생이었나요?

컴퓨터와 운동을 좋아하는 학생이었습니다. 아버지의 영향으로 컴퓨터를 아주 일찍 배울 수 있었어요. 아버지께서는 교육공무원이셨지만 80년대 중반부터 취미로 컴퓨터 코딩을 하셨고, 전국대회에서 국무총리상을 받으실 정도로 두각을 나타내셨습니다. 그래서 어릴 적부터 집에 컴퓨터가 있었고 저와 제 동생은 자연스레 컴퓨터와 친해질 수 있었죠. 물론 게임도 아주 어릴 때부터 시작했고 많이 했습니다.

Question

어린 시절, 장래 희망은 무엇이었나요?

90년대에 초등학교를 다닌 친구들의 장래희망 중에는 과학자나 대통령이 많았어요. 저 역시 과학자가 되고 싶었습니다. 컴퓨터를 좋아해서 컴퓨터 프로그래머도 되고 싶었고요. 어릴 때부터 컴퓨터를 언어 배우듯 자연스럽게 배우다 보니 그게 자연스럽게 꿈이 된 것 같습니다. 지금은 컴퓨터를 활용해서 데이터 과학자로 일하고 있으니 어린 시절의 꿈을 어느 정도 이룬 것 같네요. 소질도 있고, 자연스럽게 관련 분야를 공부하다 보니깐 익숙해지면서 꿈이 현실이 된 것 같습니다. 지금은 취미가 곧 일이며, 일이 곧 취미인 '덕업일치'의 삶을 살고 있어요.

Question 과학고를 다니셨는데, 학창 시절 성적은 어땠나요?

처음부터 과학고를 갈 수 있는 성적은 아니었습니다. 초·중·고등학교를 다니면서 전교 1등은 해본 적이 없거든요. 제가 지원하던 당시에는 과학고 진학에 3학년 1학기 기말고사 성적만 반영하는 전형이 있었어요. 필요한 과목만 열심히 공부해서 거둔 3학년 1학기 기말고사 성적과 중학교 3학년 때 지역 과학경시대회에서 받은 상으로 과학고에 지원해 합격을 했습니다. 사실 저는 학창 시절 그리 두각을 나타내는 학생은 아니었어요. 오히려 과학고 입학 확정 직후, 학교 선생님들과 주변 친구들이 걱정을 할 정도였으니까요.

Question 학창 시절, 좋아하는 과목과 분야는 무엇이었나요?

싫어하는 과목은 딱히 없었지만 과학과 수학 과목을 매우 좋아했습니다. 모든 수학 공식은 반드시 증명을 해야 직성이 풀렸죠. 고등학생 때는 물리와 지구과학을 좋아했어요. 체력 검사를 해도 성적이 잘 나올 정도로 체육도 즐겼습니다. 특히 축구를 많이 했고요.

Question 학창 시절, 특별한 활동 경험이 있나요?

다양한 경시대회에 참여한 것이 기억에 남습니다. 고등학교 내내 물리 공부를 열심히 해서 그런지 과학고에서도 물리 경시대회반 활동을 재미있게 했어요. 2학년 때 참가한 도 대회에서는 1등을 하기도 했습니다. 아쉽게도 전국 대회에서는 수상하지 못했지만요. 컴퓨터 알고리즘 경시대회나 초등학교 때 참가한 모형 항공기 대회도 기억나네요.

Question 대학교 전공은 어떻게 선택하게 되었나요? 전공 공부는 재미있었나요?

카이스트에서는 2학년 때 전공을 선택하게 됩니다. 물리, 전산, 화학. 이 세 가지를 놓고 많은 고민을 하다가 물리를 선택했어요. 고등학교 내내 물리를 공부하기도 했고 물리를 좋아하다 보니 자연스런 결과였죠. 대학에 진학하니 전국대회 규모의 물리 경시대회에서 수상한 친구들도 많이 있어서 어려울 것 같기도 했지만, 그래도 도전해 보자는 마음도 있었습니다. 지금 생각해보면 물리, 전산, 화학 등은 각기 접근 방식이 다르긴 하지만, 과정과 방법이 다를 뿐이지 융·복합적 연구 주제에는 모두 필요한 전공이었고 결국 한 지점에서 만난 것 같아요.

Question 대학 생활은 어땠나요?

거창한 활동을 한 것은 없지만, 공부도 즐겁게 하고 축구도 많이 했습니다. 학교에서 1년에 한 번 실시하는 건강 검진에서 정신 스트레스 관련 검사를 받았는데 검사 담당자가 비결을 물어볼 정도로 스트레스 지수가 아주 낮았습니다. 저는 새롭게 배우고 경험하는 모든 것을 즐겼습니다. 연구를 하는 것도 즐거워 하루에 2~3시간만 잠을 자는 생활을 한 달 넘게 하다가 급성 염증으로 일주일을 입원하기도 했죠. 결과가 항상 좋은 것은 아니었지만 게임하듯 즐기면서 연구에 몰입했어요.

대학 시절, 주된 관심사는 무엇이었나요?

다른 대학생처럼 어떤 과목을 수강할지 고민이 많았어요. 시험 보는 것을 좋아하지 않아서 학기말 프로젝트(과제)가 있는 수업 위주로 들었습니다. 학점보다는 물리 이론을 더 깊게 이해하는 것에 초점을 두었어요. 전공서와 이런저런 관련 서적을 함께 읽으면서 물리 덕후처럼 공부했습니다. 그리고 피아노를 치는 것에도 관심이 있었어요. 대학교 2학년 때부터 피아노를 다시 연습하기 시작했는데 '어떻게 하면 피아노를 더 잘 칠 수 있을까?'도 당시 저의 주된 관심사였죠.

Question

현재 일하고 있는 직업 분야를 꿈꾸기 시작한 시기는 언제인가요?

연구실 선배이기도 한 미국 인디애나 대학 안용열 교수님의 발표를 듣게 된 적이 있어요. 지도교수님을 통해서 이전부터 선배님의 소식을 종종 듣기도 했었는데, 카이스트에서 발표를 들은 것은 처음이었습니다. 싸이월드 분석으로도 유명한 안용열 선배님은 데이터 분석과 데이터 시각화를 모두 잘하는 분이었죠. 그분의 연구 결과를 보면서 데이터 시각화의 힘과 매력을 깨달았고, 지금까지 데이터 시각화 부분 역시 꾸준히 신경 쓰며 갈고 닦고 있습니다.

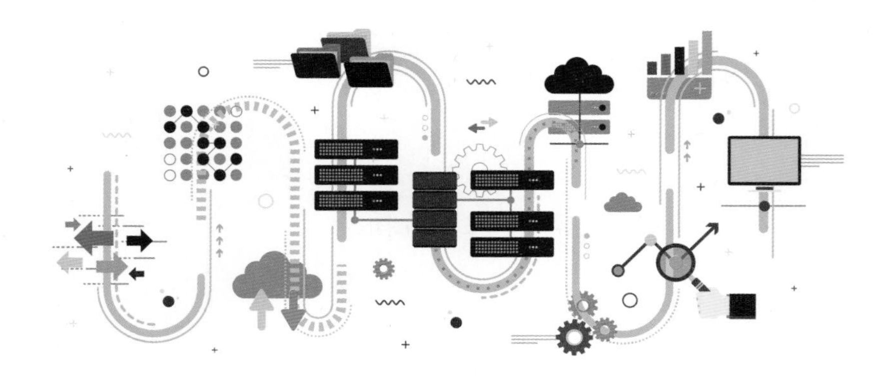

Question 진로를 결정할 때의 기준은 무엇이었나요?

전공을 선택할 때도, 진로를 선택할 때도 '하던 걸 계속 하자'는 생각을 했습니다. 어떤 면에서는 이런 생각이 도전적이지 않다고 여겨질 수 있지만, 한편으로는 기본기가 충실하다면 뭐든 할 수 있을 것이라는 생각이 들었죠. 그리고 제가 가지고 있는 기술이나 능력을 고려하고, 잘하는 것과 재미있어 하는 것이 무엇인지도 돌아보는 한편 주변의 조언도 들었습니다. 또, 생활 방식이나 경제 활동 등 다른 여러 가지도 종합적으로 고려해서 결정했죠. 그리고 이건 기초 과학의 강점인 것 같은데, 전공인 물리의 기초를 잘 배워두면 다른 분야로도 확장이 가능한 것 같아요.

Question 박사 학위 취득 후, 학교를 떠나 회사로 취업할 때 어려움은 없으셨나요?

학계 활동을 접고 산업계로 갈 때 정말 많이 고민했습니다. 누구도 제 진로에 대해서 강요하지 않으셨고 저 스스로도 결정한 내용이 있다면 더 이상 뒤돌아보지 않고 체계적으로 준비하는 스타일이기 때문에 최종 결정을 내리기 전 3주 정도 동안은 다른 활동은 아무것도 안하고 식사 시간 외에는 고민만 했어요. 저녁 때 생각해서 결정 내린 것을 아침에 다시 생각해 보라는 말처럼 신중하게 결정하려고 했습니다. 우선 제가 가진 기술이나 능력을 최대한 객관적으로 평가한 뒤에, 다른 사람들의 이력을 보고 그들이 박사 학위 취득 후 사회적으로나 경제적으로 어느 위치에 있는지를 확인하고 저의 현 상황과 비교해 보았습니다. 제 기술 수준, 능력, 지금까지의 성과, 앞으로의 계획, 심리적이거나 감정적인 부분 등 모든 것에 대해 고민한 뒤에 산업계로 가야겠다는 결정을 했습니다.

데이터를 다루는 모든 일

▶ 대학원 시절 초반

▶ 대학원 시절

▶ 전 직장, 삼성 SDS 시절

Question 현 분야에서 일하게 되신 후 맡은 첫 업무는 무엇이었나요?

카이스트에서 연구할 때는 데이터를 이해하는 것이 첫 업무였습니다. 2007년, 학부생으로서 교수님과 함께 연구를 실시할 때 연구와 관련된 데이터를 분석 가능한 형태로 바꾸는 일을 가장 먼저 했고요. 현 직장에 와서는 우선 사내 교육을 받은 후 첫 업무로 보안 프로그램을 설치하는 일을 했습니다. 어느 직장에 들어가더라도 사내 교육을 안내받는 것은 가장 기초적이면서 중요한 업무지요. 컴퓨터로 데이터를 다루는 것이 주요 업무이기에 직장에서 제공하는 다양한 보안 프로그램을 설치한 이후에는 분석 관련 작업 환경 설정을 진행했습니다.

Question 현재 하고 계신 일은 무엇인가요?

전 직장인 삼성SDS에서는 데이터와 관련한 모든 업무를 담당했습니다. 데이터를 분석하는 데 필요한 데이터를 가공하고 저장하는 데이터 전처리 과정에서부터 데이터 분석, 예측 모델링 구축, *데이터 마이닝, 데이터 시각화 등의 업무를 했습니다. 반도체 생산 설비 센서 이상 감지 패턴 분석, 불량 이미지 예측과 관련된 *딥 러닝 프로젝트도 진행했습니다. 그리고 다른 분들의 분석 업무를 돕거나 사내 강의를 진행하기도 했고요. 현 직장인 한국MSD에서는 마케팅 관련 분석, 데이터 기반 투자 결정, 각종 데이터 기반 업무 최적화 등을 팀원들과 함께 진행하고 있습니다.

*데이터 마이닝(data mining): 대규모로 저장된 데이터 안에서 체계적으로 통계적 규칙이나 패턴을 찾아내는 것을 의미함

*딥 러닝(deep learning): 기계 학습의 영역. 사물이나 데이터를 군집화하거나 분류하는 데 사용하는 기술

Question 현재 직장의 근무 환경은 어떠한가요?

이전 직장인 삼성SDS의 근무 환경은 프로젝트마다 조금씩 차이가 있지만 대체로 자유로운 분위기였습니다. 유연근무제 실시로 1일 최소 4시간 이상씩, 한 달 근무일 20일 기준으로 한 달에 총 160시간을 근무하면 되는 환경이었습니다. 본사에서 함께 일하는 분들도 모두 열린 마음으로 자유롭게 다양한 이야기를 나누는 편이었고요. 물론 급하게 처리를 해야 하는 서류 작업이 있거나 *파일럿 프로젝트를 진행해야 할 때, 그리고 마감을 앞두고는 휴일에 일을 할 때도 있었습니다. 현 직장인 한국MSD는 사무실에 지정된 자리가 없고, 각자 앉고 싶은 곳에 앉아서 일할 수 있게 되어 있습니다. 자유로운 분위기 속에서, 직급에 상관없이 모두가 동등한 입장에서 업무와 관련한 토론을 하기도 합니다. 점심시간 1시간을 포함하여 9시부터 18시까지 8시간 근무합니다.

*파일럿 프로젝트(pilot project): 사전 프로젝트. 본격적인 조사 및 연구에 앞서서 소규모로 조사 대상에 대해 연구해 보는 것을 말함

기억에 남는 프로젝트는 무엇인가요?

대학원 시절, 서양 미술사를 정량적으로 분석한 것이 가장 애착이 가는 프로젝트네요. 2009년부터 2014년까지 제가 주도적으로 진행했고, 제1저자로 출판한 첫 논문이기에 개인적으로 애착이 많이 가는 프로젝트였습니다. 꽤 오랜 기간 진행한 프로젝트였고, 미술에 대해서도 알아야 하는 것은 물론 독창적인 접근 방식이 필요했습니다. 중간에 데이터 처리 과정에서 실수하기도 하고, 연구 미팅 중에 미술이나 분석 결과 관련 설명이 미숙하여 지도교수님께 혼나면서 많이 배우기도 한 시간이었습니다. 물론 성공적이어서 가장 기억에 남는 면도 있습니다. 출판되자마자 <네이처> 지 홈페이지의 메인 화면 정중앙에 소개글이 실렸고, 해외 언론·학술지나 국내 TV·인터넷 매체 등에도 많이 보도되

었죠. 이 프로젝트는 지금도 연구실 후배와 함께 후속 연구를 진행하고 있는 프로젝트이기 때문에 더 애착이 가는 것 같습니다.

Question 가장 인상 깊었던 학교와 사회의 차이점은 무엇이었나요?

먼저, 사회에서는 수익을 창출하는 것이 정말 중요하다는 것을 배웠습니다. 그리고 사회생활을 하면 사회 구조나 경제적인 측면에서 세상을 더 넓게 볼 수 있는 것 같습니다. 사회에서는 학교에서보다 더 다양한 배경의 사람들을 만나게 되는 것도 차이점이라고 할 수 있겠네요. 사회생활을 시작하면서는 다양한 사람들과 잘 지내는 법을 많이 고민하고 있습니다. 개인적으로는 사회에서는 학교에 비해 자신의 업무나 결정에 책임을 져야 하는 일이 더 많다고 생각합니다.

Question 업무를 시작한 뒤에 기억에 남는 에피소드가 있나요?

무엇보다도 처음 학교 사람들이나 직장 사람들을 만나서 환영회를 했던 것이 기억에 남습니다. 개인적으로 식사를 잘 하는 것이 중요하다고 생각하기 때문이죠. 대학원에서는 대전 지역에 위치한 고급 레스토랑에서 맛있는 음식을 먹었고, 전 직장인 삼성SDS에서는 입사 당일 치맥(치킨+맥주) 환영회를 해주었습니다. 당시에 저에게 특별히 환영회를 해준 것이라 반갑고 기분도 좋았습니다.

나만의 루틴이라든지 징크스가 있나요?

앞에서 이야기한 일과 시간 외에는 딱히 루틴이 있지는 않습니다. 상황에 맞게 유연하게 움직이는 것을 중요하게 생각해서 일부러 루틴을 만들지 않는 것도 있습니다. 징크스도 딱히 없습니다.

Question

업무 중 특히 신경 쓰는 부분은 무엇인가요?

데이터와 관련된 업계의 지식, 또는 각 업종마다 특화된 지식을 익히는 것을 중요하게 생각합니다. 각 업종의 지식을 습득하기 위해서는 열린 마음과 유연함, 이 두 가지가 아주 중요하다고 생각합니다. 마음이 열려 있어야 함께 일하면서 배우기도 좋은 것 같고, 새로운 기술을 배우는 데도 거리낌이 없게 되기 때문이죠. 유연함도 비슷한 맥락에 속하는 것 같은데요. 유연함은 사람들과 함께 이야기하면서 합의점을 도출할 때 필요한 중요한 자질이라고 생각해요. 유연하지 않고 뭔가 강박 관념, 고정 관념, 편견 같은 것이 있으면 서로에게 스트레스를 줄 수 있어서 곤란하지 않을까 싶어요. 그리고 각 업종의 지식을 많이 알수록 분석 업무에서 불필요하게 투자하는 시간이 줄어드는 것 같습니다.

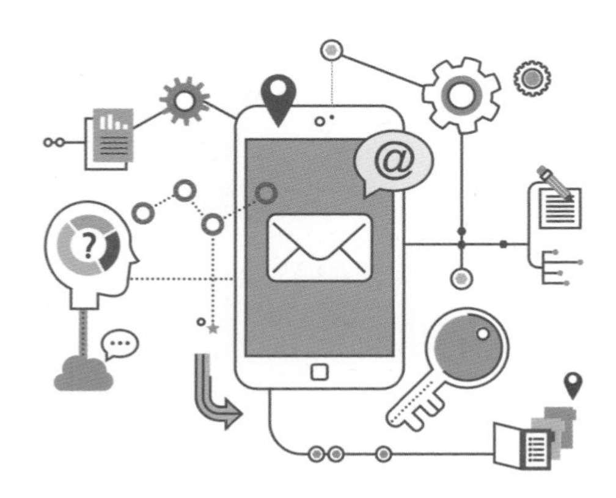

아무도 가지 않은 길을 가는 즐거움

▶ 데이터 사이언티스트에게는 꾸준한 호기심과 강한 의지가 필요해요.

▶ 2019년, 싱가포르 출장 중

▶ 피아노 연주 무대에 올라 곡을 설명하는 모습

Question

데이터 사이언스 분야에서 일을 하면서 보람을 느낄 때는 언제인가요?

개인적으로는 '덕업일치'의 삶을 살고 있어서, 이전 회사인 삼성SDS에서 프로젝트에 참여할 때마다 보람을 느꼈습니다. 모든 프로젝트에 게임을 하듯 재미있게 임했죠. 물론 프로젝트에 참여하는 것을 즐기면서도 매 순간 전문성과 책임감을 가지려고 꾸준히 노력하고 긴장하며 일했습니다. 저는 대학원 시절부터 지금까지 항상 그랬지만, 업무 외에도 취미로 최신 데이터들을 분석하거나 관련 기술들을 테스트하고 있어요.

실제 생활에서 보고 경험할 수 있는 데이터를 다룬다는 점은 데이터 사이언스 분야가 가진 큰 매력이에요. 산업 관련 데이터들을 분석해 미래를 예측하고 비용 절감의 효과를 직접 눈으로 경험하고 있죠. 이렇게 데이터들이 실제 상황에 적용되고 삶에 긍정적인 효과를 주는 과정을 지켜볼 때 보람을 느낍니다.

Question

데이터 사이언티스트로서 가장 힘들고 어려울 때는 언제인가요?

아직까지 크게 힘들고 어렵다고 느낀 부분은 없지만, 데이터 분석 내용을 회사 안에서 비전문가 임직원들에게 설명을 할 때는 조심스러운 부분이 많습니다. 데이터 분석 결과를 오해 없이 쉽게 이야기하기 위해 많이 고민하죠. 혹시라도 잘못된 이야기를 하게 되면 실제 결과 값보다 과대하게 해석해서 업무를 추진하게 될 수도 있어요. 그래서 분석 내용을 문서화할 때에도 문서를 읽는 사람들이 오해를 하지 않도록 작성하려고 노력하고 있습니다. 그리고 짧은 시간 안에 파견된 회사 또는 회사 안의 다른 부서에 관련된 업종 지식을 익혀야 한다는 것도 쉽지 않았던 것 같습니다.

Question

데이터 사이언스 분야에서 일을 할 때 가장 큰 매력은 무엇이라고 생각하시나요?

아무도 가지 않은 길을 가는 사람들이 느끼는 즐거움과 비슷할 것 같아요. 다른 사람들은 만질 수 없거나 지금까지 다루지 않았던 데이터를 처음 접할 때의 기분은 정말 새롭습니다. 그 데이터가 현재의 삶과 밀접한 관련이 있는 데이터란 점도 큰 매력이죠. 데이터 분석을 기반으로 하는 매출 증대, 비용 절감, 위험 관리 등에 대한 방안 수립을 통해 회사에 기여하는 과정을 직접 경험할 수 있습니다. 또한 4차 산업 혁명 시대를 선도하는 일원으로서 융합 학문의 중심에서 활동할 수 있는 부분 또한 큰 매력입니다. 실제로 학계에서 다양한 분야의 데이터를 분석할 때에는 경제학자, 사회학자, 역사학자, 미술사학자, 수학자, 전산학자, 통계학자 등 다양한 분야의 사람들을 만나게 되는데 그때마다 다양한 관점을 접할 수 있다는 점도 매력적인 부분입니다.

Question

데이터 사이언스 분야에서 일을 할 때 주변의 시선은 어떠한가요?

저의 주변 사람들도 대부분 관련 분야에서 일을 하거나 연구하는 사람들이기 때문에 특별하게 느껴지는 시선은 없습니다. 하지만 현재 근무하고 있는 곳에서는 트렌디한 분야에서 일을 하고 있다는 말을 많이 들었습니다.

데이터 사이언티스트로서의 개인적인 목표가 있으신가요?

이전 회사인 삼성SDS에 입사한 이후에 꾸준히 진행한 시계열 예측 관련 교과서 번역 작업이 2019년 초에 빛을 보게 되었는데, 앞으로도 분석이나 시각화 기법 원서 번역을 진행할 생각입니다. 세미나 또는 강연 활동으로 저변 확대에 힘쓰고 싶고, 더 나아가서 저술까지도 할 수 있으면 좋겠습니다.

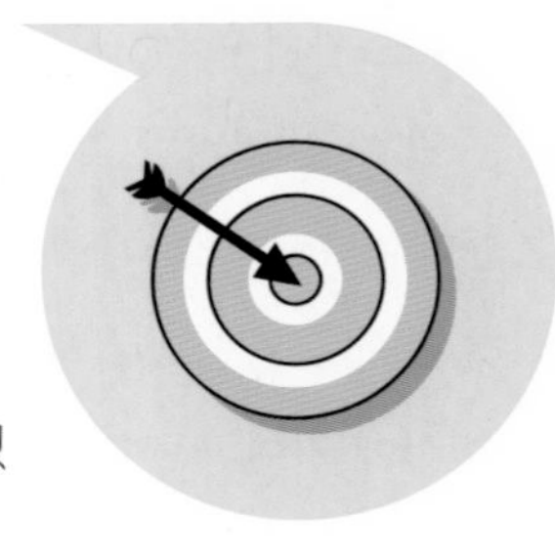

데이터 사이언스 분야에서 일하고 싶은 청소년들에게 한마디 해주신다면요?

마르지 않고 지속되는 호기심과 강한 의지를 갖고 있는지 살펴보시길 바랍니다. 이 부분은 꾸준히 관련 기술을 갈고 닦는 과정에서 매우 중요합니다. 다양한 분야를 빠르게 익혀야 하기 때문이죠. 하지만 자신이 스스로 도전하지 않고서는 대상에 대한 호기심과 강한 의지가 있는지 알기 어려운 것 같고, 알게 되는 데 시간도 오래 걸릴 것 같습니다. 그리고 분석 기법도 중요하지만, 다양한 사람들과 잘 지내면서 의미 있는 합의를 도출할 수 있는 인내심과 열린 마음도 중요하다고 생각합니다. 앞에서 언급했던 유연함도 중요하다고 생각하고요. 유연함이라는 관점에서 조언을 드리자면, 본인이 꼭 데이터 사이언스를 하겠다는 생각만 하는 것보다는, 이러한 꿈을 가지고 관련 자질이나 기술을 갈고 닦고 있다가 기회가 되면 그동안 쌓은 역량을 가지고 좀 더 세부적인 다른 분야로도 진출할 수 있다는 생각을 하는 것이 좋다고 생각합니다.

No
Event/Holiday Name
0
1
2
3
4
5
6
Category 1
Category 2
Series 1
Series 2
Series 3

어릴 적부터 항상 다이어리를 끼고 다니며 시간 계획을 꼼꼼히 짜고, 친구들의 고민 상담과 학습 플랜까지 도와주던 소녀였다. 암기과목보다 영어와 수학을 좋아해 회계사를 꿈꿨지만 결국 통계학을 전공하게 되었는데, 통계 분석 실습을 하면서 데이터 분석에 흥미를 느껴 대학원에 진학해 심화 학습을 하게 되었다.

졸업 후에는 쿠팡에 입사해 전공을 살려 데이터 분석 일을 했다. 이때만 해도 데이터 사이언티스트라는 직업명이 아직 생소한 시기였지만, 데이터 분석의 중요성을 느끼며 실무 경험을 할 수 있는 시간이었다. 현재 GS SHOP AI센터에서 물류, 콜센터 등 다양한 부서의 비즈니스 문제를 데이터로 풀어주는 데이터 사이언티스트로 활동하고 있다. 데이터 교육 사내 강사로도 활동하고 있는 그는 데이터 사이언티스트의 중요한 덕목으로 소통과 공감, 문제의 본질을 꿰뚫는 통찰력을 꼽는다.

데이터 사이언티스트

김유경

- 현) GS SHOP 데이터 사이언티스트
- 쿠팡 데이터 분석가
- 이화여자대학교 통계학과 석사
- 성신여자대학교 통계학과 졸업

데이터 사이언티스트의 스케줄

김유경
데이터 사이언티스트의
하루

20:00 ~ 22:00
▸ 강아지 산책 및 개인 운동

22:00 ~ 23:00
▸ 자기 계발

23:00 ~
▸ 취침

07:00 ~ 09:00
▸ 기상 및 출근 준비, 뉴스 기사 읽기

09:00 ~ 12:00
▸ 데이터 분석 업무 진행
▸ 업무 미팅

12:00 ~ 13:00
▸ 점심 식사

13:00 ~ 18:00
▸ 데이터 분석 업무 진행
▸ 업무 미팅

18:00 ~ 20:00
▸ 퇴근 및 저녁식사

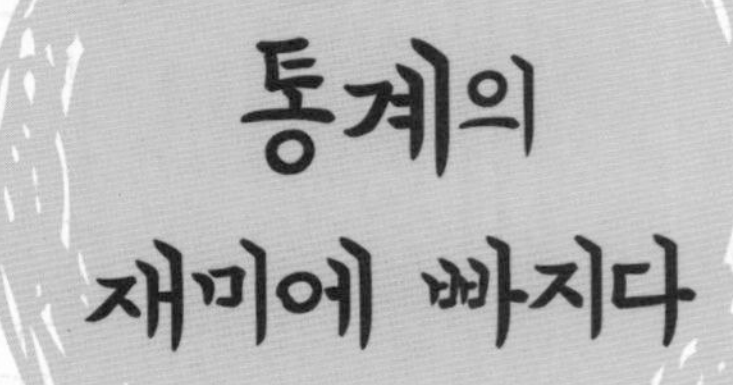

▶ 어린 시절, 가족과 함께 집에서

▶ 대학원 시절, 대학원 친구들과 제주도에서

▶ 가족과 함께한 대학원 졸업식

Question 먼저 간단한 자기소개 부탁드려요.

안녕하세요. 저는 통계학을 전공하고 쿠팡을 거쳐 GS SHOP에서 데이터 사이언티스트로 근무하고 있는 김유경입니다. 저는 현재 비즈니스 문제를 정의하고, 데이터 분석을 통해 인사이트를 도출하여 문제를 해결하는 일을 하고 있습니다.

Question 어린 시절에는 어떤 학생이었나요?

계획 세우는 것을 좋아하는 학생이었습니다. 한 달 단위로 큰 계획을 세우고, 효율적으로 공부하기 위해 시간 단위로도 계획을 세웠어요. 학창 시절엔 항상 다이어리를 들고 다니면서 시간 계획을 할 정도로 꼼꼼한 편이었어요. 특히 고등학교 3학년 때 몇몇 친구들은 학습 플랜을 짤 때 제게 도와달라는 부탁을 하곤 했죠. 친구의 이야기를 듣고 어떤 공부를 해야 하는지도 알려줬었거든요. 그리고 친구들의 고민을 듣고 상담해 주는 것을 좋아하고, 반대로 친구들에게 제 이야기를 하는 것도 좋아했습니다. 친구의 고민도 제 일처럼 느끼고, 현실적으로 해결이 되지 않는 고민이라도 항상 함께 대처 방안을 생각했습니다.

Question 친구들이 말하는 나는 어떤 사람인가요?

평소 사람을 진실하게 대하는 것이 중요하다고 생각하는데요. 한번은 중학교 때 친구가 제게 '너는 정말 진국이야.'라는 말을 했어요. 처음 들었을 때는 뭔가 의아했는데, 시간이 지나고 돌아보니 멋진 말인 것 같더군요. 그래서 지금도 '진국인 사람이 되고 싶다'는 생각으로 살아가고 있습니다.

Question 학창 시절, 어떤 과목과 분야를 좋아했나요?

공부할 때, 암기보다는 개념을 이해하는 것을 좋아했습니다. 그래서 암기과목보다는 수학과 영어를 좋아했습니다. 문과와 이과를 선택해야 할 때, 흥미롭게도 수학, 영어만 하는 '중과'라는 새로운 과가 생겼으면 좋겠다는 생각을 했던 적도 있어요. 자신이 어떤 과목을 더 좋아하는지 생각하는 친구들과는 달리 저는 사회, 과학의 세부 과목들을 하나하나 비교하며 고민하다가 문과를 선택하였습니다.

Question 어린 시절, 어떤 직업을 가지고 싶었나요?

학창 시절, 저는 항상 진로에 대한 고민을 많이 했습니다. 그래서 장래 희망도 많이 바뀌었어요. 먼저 초등학교 1학년 때부터 고등학교 2학년 때까지 선생님이 꿈이었습니다. 어릴 때는 선생님처럼 채점도 해보고 싶었고 분필도 쓰고 싶어 했어요. 그리고 누군가에게 뭔가 가르쳐 주는 것을 좋아해서 친구들에게 수학을 많이 알려줬었죠. 아래층에 사는 친구 집에서 사회 과목 내용을 칠판에 적어가며 친구에게 설명을 해주던 장면이 기억나네요. 친구들에게 이해하기 쉽도록 설명을 해줘서 고맙다는 말도 자주 들었어요. 다른 사람들에게 어떤 지식을 알려주면 보람을 느낄 수 있었고 재미도 있었어요. 그러다 고등학교 2학년 때 선생님의 추천이 저의 꿈을 바꾸는 계기가 되었습니다. 선생님께서 제게 문과이긴 하지만 수학을 좋아하니 회계사를 하면 어떻겠냐고 추천을 해주셨어요. 그때부터 회계사란 직업에 관심을 가지게 되었고, 회계사가 되고 싶었죠.

Question 대학 생활은 어떠셨나요?

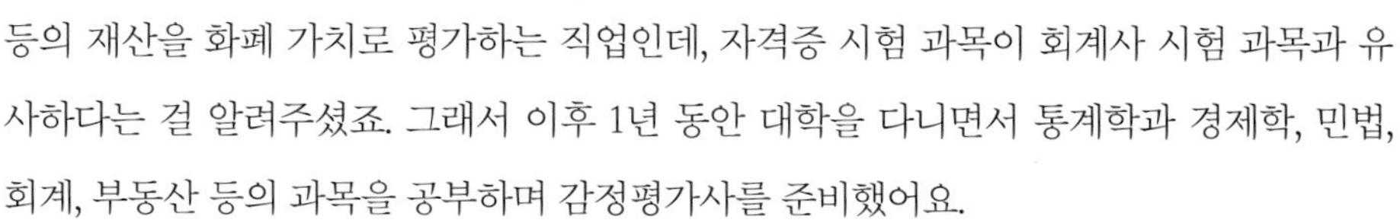

대학에 들어가서 통계학과 경제학을 공부하며, 회계사 자격증에 대해 알아보고 있었습니다. 저는 항상 친구들과 진로에 대한 많은 얘기를 나눴는데, 그 당시에 친한 중학교 친구가 제 이야기를 부모님께 말씀드렸고, 그 이야기를 들으신 친구 아버님께서 제게 감정평가사란 직업에 대해 설명을 해주시며 추천해주셨어요. 감정평가사는 부동산이나 저작권, 선박 등의 재산을 화폐 가치로 평가하는 직업인데, 자격증 시험 과목이 회계사 시험 과목과 유사하다는 걸 알려주셨죠. 그래서 이후 1년 동안 대학을 다니면서 통계학과 경제학, 민법, 회계, 부동산 등의 과목을 공부하며 감정평가사를 준비했어요.

당시 전공이었던 통계 과목을 수강할 때는 '그냥 전공과목이구나'라는 생각 밖에 들지 않았죠. 그런데 학년이 올라가면서 직접 통계 분석 실습을 하다 보니 통계에 매료될 수밖에 없었어요. 아주 재미있었거든요. 통계학과는 일반적으로 1~2학년 때 통계의 이론적인 내용을 배우고, 3~4학년 때는 주로 실습을 해요. 많은 수업이 있었는데, 저는 특히 회귀 분석 실습을 하며, 데이터를 다루고 통계적으로 분석하며 유의미한 결과를 도출하는 게 재밌었습니다.

이때 정말 많은 고민을 했어요. 감정평가사를 본격적으로 준비하려면 휴학을 해야 했거든요. 계속 통계를 공부할지, 감정평가사를 준비할지에 대한 고민이었죠. 진로를 바꾸기엔 지금까지 1년 동안 감정평가사가 되기 위해 공부한 것이 너무 아깝게 느껴졌어요. 제 삶에 있어서 중요한 결정을 해야 하는 상황이었죠. 저는 항상 아버지와 진로에 대한 고민 상담을 했었는데, 아버지께 감정평가사 시험 준비를 위해 투자한 시간과 노력이 너무 아깝다고 말씀드렸죠. 그러자 아버지께서는 지금까지 공부했던 것이 모두 자산이 될 것이라고 말씀해주셨는데, 아버지의 그 한마디가 감정평가사라는 직업에 대한 미련을 버리는 계기가 되었어요. 실제로 지금 생각해 보면 당시 공부했던 내용들이 상당히 큰 도움이 되는 것 같아요. 데이터 분석을 할 때는 다른 사람의 이야기에 공감하고, 다각적인 면에서 데이터를 바라볼 수 있는 소양이 필요하거든요.

대학 시절, 그밖에 다른 활동은 안하셨나요?

대학 시절은 저의 진로를 더 깊이 고민하던 시기였습니다. 그러면서 5년 동안 수학, 영어 과목 과외 아르바이트를 하며 다양한 학생들을 만났어요. 착하고 공부를 잘하는 친구들이 성적에 압박을 받는 모습이 조금 안타까웠습니다. 선행 학습으로 많은 양의 내용을 한 번에 학습하느라 지친 학생들이 안쓰럽다는 생각이 드는 시간이었습니다.

Question

대학원에 가신 이유가 궁금합니다.

대학원에 입학할 때, 경제학을 전공할까 통계학을 전공할까 고민을 했습니다. 대학 때는 계량경제학이라고 해서 경제학과 통계학을 접목시킬 수 있는 전공도 있었는데, 재미있게 공부했었거든요. 고민을 하다가 즐겁게 공부했던 통계학을 더 심화된 내용으로 배우고 싶어져 통계학을 전공으로 선택하고 대학원에 입학했습니다. 당시에는 석사와 박사를 이수해 대학교수가 되고 싶다는 생각도 있었어요.

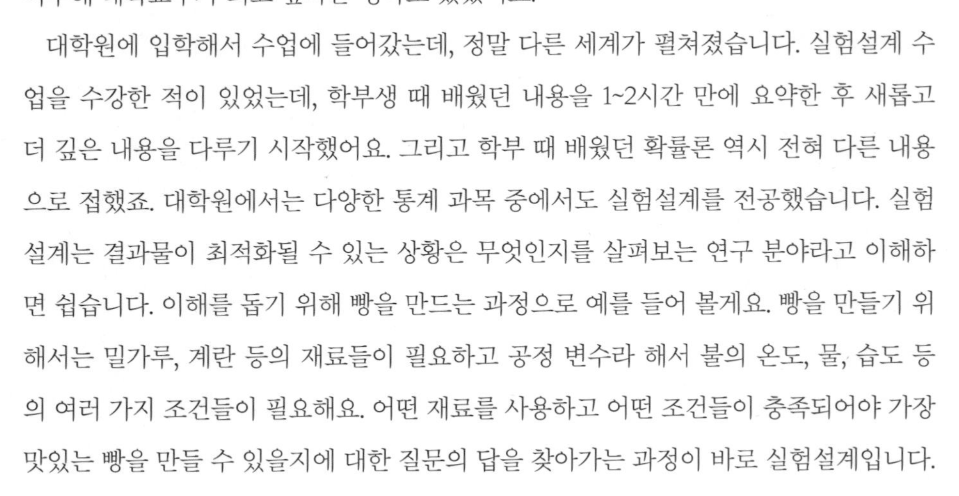

대학원에 입학해서 수업에 들어갔는데, 정말 다른 세계가 펼쳐졌습니다. 실험설계 수업을 수강한 적이 있었는데, 학부생 때 배웠던 내용을 1~2시간 만에 요약한 후 새롭고 더 깊은 내용을 다루기 시작했어요. 그리고 학부 때 배웠던 확률론 역시 전혀 다른 내용으로 접했죠. 대학원에서는 다양한 통계 과목 중에서도 실험설계를 전공했습니다. 실험설계는 결과물이 최적화될 수 있는 상황은 무엇인지를 살펴보는 연구 분야라고 이해하면 쉽습니다. 이해를 돕기 위해 빵을 만드는 과정으로 예를 들어 볼게요. 빵을 만들기 위해서는 밀가루, 계란 등의 재료들이 필요하고 공정 변수라 해서 불의 온도, 물, 습도 등의 여러 가지 조건들이 필요해요. 어떤 재료를 사용하고 어떤 조건들이 충족되어야 가장 맛있는 빵을 만들 수 있을지에 대한 질문의 답을 찾아가는 과정이 바로 실험설계입니다.

이 예시가 실험설계를 완벽하게 설명하는 것은 아니지만 이런 연구를 하는 분야라고 이해하시면 될 것 같습니다. 실험설계는 제약 회사나 전투기를 만드는 사업 등에서 사용되고 있죠. 이처럼 대학원에서 통계를 전공하는 것은 학부에서 배우는 것과는 다른 차원이었고 내용도 어렵긴 했지만, 정말 재미있었습니다.

Question 언제 데이터 사이언티스트가 되어야겠다고 생각하셨나요?

대학원을 졸업하고 전공을 살려 데이터 분석가로 일을 해야겠다고 생각했고, 쿠팡에 입사하게 되었습니다. 미래에 뜨는 직업으로 데이터 사이언티스트가 소개된 기사를 얼핏 보기는 했지만, 제가 입사할 당시에도 데이터 사이언티스트라는 직업명을 국내에서는 잘 사용하지 않았어요. 저도 잘 몰랐고요. 쿠팡에서 2년차가 되었을 때, 주변 지인 분이 데이터 사이언티스트란 직업을 알려주셨습니다. 통계를 전공하고 데이터 분석 업무를 하고 있는 친구들과도 만나 데이터 사이언티스트에 대해서 이야기를 해 봤지만, 그 의미를 정확하게 아는 친구는 없었어요. 이후에야 점차 데이터 사이언티스트란 직업이 알려지기 시작했던 것 같아요.

Question 통계 공부와 프로그래밍 공부는 언제, 어떻게 하셨나요?

통계학과이다 보니 학부 때는 SAS, SPSS를 사용했고, 대학원 과정에서는 R을 사용했습니다. 수업 시간에 집중하면서 자연스럽게 배우게 되었죠. 회사 업무에는 R을 이용하고 있는데, 요새는 파이썬(Python)을 사용하기 위해 공부를 하고 있습니다.

진로 선택 시 가장 많은 영향을 주신 분은 누구인가요?

앞서 잠시 이야기했는데, 진로와 관련해서 오랜 시간동안 아버지와 상담을 했습니다. 친구들과도 진로에 대한 고민을 나누지만, 저의 진로에 대해 가장 큰 영향을 주신 분은 아버지입니다. 아버지는 제 생각을 털어 놓으면 잘 들어주시고 제안도 많이 해주시기 때문에, 아버지와 나눈 대화를 생각하며 결정하는 편이었습니다. 아버지 역시 자신의 생각을 강요하시는 분은 아니고 저에게 선택에 대한 결정권을 주시려고 고민을 많이 하셨어요. 이야기를 할 때마다 제 의사를 존중해 주셨죠.

그리고 일을 하면서는 첫 회사에서 만난 사수 분에게 영향을 많이 받고 있어요. 지금은 다른 회사에 팀장으로 계신 분이죠. 제가 특히 배우고 싶은 부분은 데이터 분석을 통해 인사이트를 도출하고, 그 결과를 사업에 접목시키는 것과, 그것을 임원들에게 전달하는 능력입니다. 데이터에 대한 스킬은 기르기 쉽지만 이 세 가지 능력은 쉽게 길러지지 않거든요. 제 사수 분은 어딜 가도 이 분야에서 인정을 받고 계신 분입니다. 제 롤 모델 같은 분이죠. 그리고 항상 배우는 것을 게을리하지 않으시고, 저에게도 항상 공부를 많이 하라고 말씀해 주십니다.

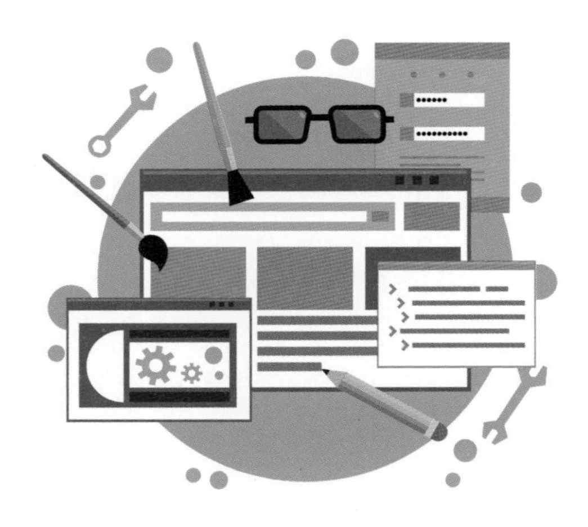

다양한 주제, 다양한 분석

▶ 친한 회사 동료들과 함께 떠난 강릉 겨울 바다 여행

▶ 미국 보스턴 출장 때, 자유 시간에 방문한 하버드 대학교에서

▶ 쿠팡 시절, 팀원들과 함께한 생일 파티

데이터 사이언티스트로서 첫 업무는 무엇이었나요?

처음 쿠팡에 입사한 뒤 제게 주어진 첫 업무는 '네가 하고 싶은 분석을 해봐.'라는 것이었습니다. 그래서 다양한 데이터를 살펴보다가 재구매에 영향을 주는 요인을 찾는 업무를 시작했어요. 회귀 분석이나 랜덤 포레스트 등 다양한 통계 분석을 실시하고 모델링을 한 뒤, 보고를 드렸죠. 몇 가지 유의미한 요인들을 찾았습니다.

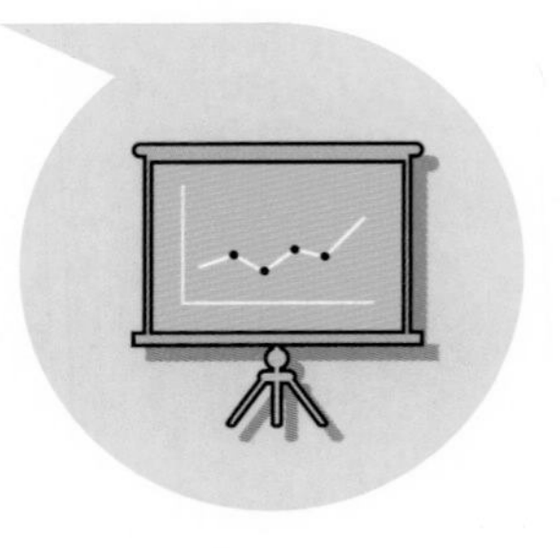

Question

첫 직장에서 기억하는 에피소드가 있나요?

당시 벤처 회사였던 쿠팡의 '*애자일'이란 문화가 인상 깊었습니다. 실리콘밸리의 아마존 주식회사를 벤치마킹하는데, 대표님께서는 '애자일 문화, *린 스타트업에 대한 이해가 있어야 한다.'고 말씀하셨습니다. 실제로 2013년 봄에, 직원 한 명 한 명에게 일을 꼼꼼하게 물어보시고, 대리, 사원조차 어떤 일을 하는지 일일이 파악하셨어요. 효율적 업무와 비효율적 업무를 구분하여 어떻게 업무를 진행해야 하는지도 알려주셨습니다. 대부분의 부서가 애자일 문화를 접목하여 *스크럼 회의를 하는 방식으로 업무 방식을 바꾸게 되었어요. 모든 사람이 함께 변화하려고 했기 때문에 빠르게 조직 문화가 바뀌는 걸 볼 수 있었습니다. 벤처 회사다 보니 변화가 더욱 빠른 편이라고 생각해요. 하루가 다르게 사이트도 변화되는 것을 알 정도로요.

대표님께서는 데이터를 분석하는 사람들에게 PPT(발표자료)를 만들지 말라고 하셨어요. 자료를 만들 시간에 데이터 분석을 더 많이 하라는 의미였죠. 데이터 분석 결과를 보고하면, 데이터를 통해 빠르게 의사 결정을 하는 모습을 보며 엄청난 영감을 얻었습니다.

* 애자일(Agile): 사무 환경에서 부서 간 경계를 허물고 팀원에게 의사 설정 권한을 부여해 신속하게 업무를 진행하는 방식

* 린 스타트업(Lean Startup): 실패를 최소화하기 위해 아이디어를 빠르게 최소 요건 제품으로 제조한 뒤 공개해 시장의 반응을 살피고 다시 제품을 개선하는 경영 전략
* 스크럼 회의: 회의실을 잡거나 서류를 사용하는 회의가 아닌, 업무 내용을 자유롭게 이야기하면서 '내가 맡은 일'과 '우리 프로젝트의 현황'에 대해 집중하는 회의

Question 쿠팡의 기업 분위기는 어땠나요?

당시 회사의 수평적인 기업 문화와 자유로운 분위기, 빠른 실행력 등이 기억에 남습니다. 상대방을 직급으로 부르지 않고 이름을 부르는 모습에 신선한 충격을 받았어요. 서로를 부를 때 "케빈, 케빈!" 하고 부르더라고요. 나중에 알고 보니 그 '케빈'이라는 분은 디렉터라고 하시더군요. 이런 분위기가 새로웠던 것 같아요. 그리고 제가 당시 사원에 불과한데도 의견이 다른 부분에 대해서 말씀을 드리면 회사 선배님들께서 끝까지 다 듣고 이해해 주시거나 공감해 주셨던 기억도 많이 남습니다. 좋은 사람들과 함께 일하며 많은 것을 배우고 즐겁게 일하는 시간이었습니다.

Question 현재 GS SHOP에서는 어떤 일을 하고 계시나요?

GS SHOP으로 이직한 후 처음에는 e-마케팅 팀에서 근무했습니다. 고객 분석, 마케팅 프로모션 분석, 모델링 등 다양한 분석을 진행했습니다.

현재 소속되어 있는 AI 센터 이전에는 데이터 팀에 있었습니다. 그 때 진행했던 일 중에는 콜센터 상담원을 배정하기 위해 인입콜(걸려온 전화) 수를 예측하는 모델링도 있었어요. 해당 업무를 10년 넘게 일하신 현업 종사자 분도 계셨지만, 공수(일정한 작업에 필요한 인원수를 노동 시간 또는 노동일로 나타낸 수치)가 너무 많이 들어 예측하는 일이 중요했습니다.

지금은 AI 센터에 있으면서 MD, PD, 물류, 콜센터 등 다양한 부서의 비즈니스 문제를 데이터로 해결해주는 역할을 하고 있어요. 최근에는 모바일 물류 부분에서 어느 상품을

직매입해야 리스크(위험부담도)를 최소화할 수 있는지에 대한 데이터를 분석하여 대시보드를 만들었고, 현재 해당 부서에서 사용하고 있어요. 각 업무를 담당하는 부서의 문제에 공감을 해야 원활한 분석을 할 수 있기 때문에, 현업에 계신 분들과 이야기를 많이 하는 편입니다.

Question

현 직장에서 기억에 남는 특별한 업무가 있으신가요?

앞서 얘기한 인입콜을 예측하여 콜센터의 업무를 효율적으로 만드는 것도 기억에 남고, 고객 지표 중 *CLV 지표를 만들어 활용한 경험도 기억에 남네요. 한 사람이 한 기업의 고객으로서 존재하는 전체 기간 동안 기업에게 제공할 것으로 추정되는 재무적인 공헌도의 합계를 구하는 일인데요. 연구에 연구를 거듭했던 부분이었습니다. 수리적인 알고리즘이 들어가서 오랜만에 연구를 하느라 고생했지만, 기존에 없는 무언가를 새로이 만들어 가는 과정이 흥미로웠습니다. 그리고 이 CLV 지표를 마케팅에 중요한 지표로 사용하는 것을 보면서 뿌듯하기도 했습니다.

* CLV: 고객 생애 가치(Customer lifetime value). 한 명의 고객이 일생 동안 한 회사에 기여하는 수익성을 수치로 환산한 것

현재 직장의 근무 환경이 궁금합니다.

사무실 분위기는 수평적이며 자유롭습니다. 그리고 일년에 한번 해커톤이 있어요. 해커톤은 회사 관점이든 고객 관점이든, 업무적으로 가능한지는 고려하지 않고 일단 아이디어가 있으면 그것을 구체화시켜서 프로토타입을 만들어 공유하는 자리인데요. 이번 해커톤은 5번째로 진행되었는데, 데이터 부분의 스태프로만 참여하다가 처음으로 직접 참여하게 되었어요. 다행히 눈빛만 봐도 서로를 잘 아는 같은 팀 동료들과 나가게 되어서인지 단합이 잘 됐죠. 아쉽게도 상은 타지 못했지만 정말 재미있는 시간이었어요. '이렇게

까지 시너지를 낼 수 있구나!'라고 생각할 정도로요.

현 직장에는 이런 해커톤 문화도 있고, '뭉클(뭉치면 클래스를 만든다)'이라는 것도 존재해요. 바리스타, 도슨트(미술관, 박물관 등에서 관람객들에게 작품, 작가 등에 대하여 설명해 주는 자원 봉사를 하는 사람), 조명, 가구 등 배우고 싶은 전문 분야가 있다면 회사의 지원을 받아 수업을 들을 수도 있어요. 점심시간이든 저녁시간이든 상관없이요. 저는 회사에서 요가나 클라이밍 동호회 등에 참여하고 있습니다.

그리고 회사에서 직원들을 위한 다양한 교육 프로그램도 제공해 줍니다. 다양한 국내외 컨퍼런스에 참여할 수 있도록 독려하고, IDD라는 교육프로그램도 운영하고 있어요. 저도 IDD 교육 프로그램에 참여하기 위해 샌프란시스코에 갔는데 이 때 정말 많은 영감을 받았습니다. 디자인씽킹을 배우는 것뿐만 아니라 스탠포드 대학교에도 가보고, 아마존 북스나 개인화된 안경을 맞출 수 있는 안경집에도 가보는 등 다양한 경험을 했습니다.

Question 유통 분야에서 일을 할 때의 가장 큰 장점은 무엇일까요?

관련 데이터가 재미있어요. 유통 분야는 고객을 중요시 여기는데, 고객에 대한 데이터, 상품에 대한 데이터, 물류 데이터, 고객 센터 데이터 등 분석할 주제들이 특히 많아요. 그래서 정말 재미있습니다. 그리고 마케팅 팀에서는 고객에 대한 데이터를 중심으로 분석을 진행하여 고객에 대한 예측 모델을 만들거나 프로모션 효과 분석 등을 하지만, 데이터 팀이나 AI센터에서는 더 넓은 관점을 가지고 데이터 분석을 진행합니다. 한 팀 안에서도 어떤 주제를 가지고 데이터를 분석하느냐에 따라 전혀 다른 세계가 펼쳐지는 것 같은 느낌입니다. 콜센터 관련 업무를 할 때는 또 전혀 달랐거든요.

Question

현재 직무에서 일을 하시면서 보람을 느낄 때는 언제인가요?

데이터 사이언티스트의 가장 큰 매력은 매번 다른 분석 주제를 접한다는 점이에요. 다음 프로젝트가 기대되고 지루하지 않죠. 매번 다른 분석 주제를 접하는 것은 늘 새로운 비즈니스 문제가 생긴다는 걸 의미해요. 현업에 종사하는 사람들과 함께 문제를 해결하는 것은 정말 즐겁습니다. 문제 정의를 하여 분석을 하고 현재 직면한 문제를 해결하는데, 제가 분석한 내용이 최종적으로 현업에 반영이 되거나 현업에 계신 분들이 그 데이터를 열심히 사용하실 때 가장 보람을 느끼죠. 데이터 분석을 통해 비효율적인 일도 효율적으로 할 수 있고, 그만큼 현업 종사자들은 더욱 효율적으로 업무에 시간을 투자할 수 있게 되니까 좋아요.

쉬는 날에는 주로 무엇을 하시면서 시간을 보내시나요?

강아지를 산책시키는 것이 제게는 소소하지만 확실한 행복인 것 같아요. 쉬는 날에는 그동안 밀린 잠을 많이 자는 편이고, 때로는 친구들을 만나서 서로 이야기하는 것도 즐겨요. 친구들과 맛집, 사진전, 전시회에 가거나 여행 등을 하며 리프레시를 하고, 새로운 영감을 얻습니다.

Question 현재 업무 외에 따로 하고 계신 활동이 있나요?

현재 회사에서 사내 강사를 맡고 있습니다. 방송 MD를 대상으로 데이터 교육을 진행한 적이 있는데, 이때 인사팀에서 좋게 봐주셨는지 이후에도 대리 1년차부터 4년차를 대상으로 하는 MD 아카데미 교육을 진행한 적이 있습니다. 저 역시 교육 대상자들과 비슷한 연차였는데도 말이죠. 부담스러웠지만 제가 성장할 수 있었던 값진 시간이었어요. 당시 그로스 해킹 교육을 위해 저의 경험과 더불어 관련 책과 문서들을 읽으며 많은 준비를 했고, 자연스럽게 여러 차수에 걸쳐 교육을 진행하게 되었어요. 그로스 해킹은 말 그대로 성장을 해킹하자라는 의미로, 그로스 해킹을 하기 위한 데이터 분석 기법에 대한 강의를 진행했어요.

지금은 신입사원들이 입사할 때마다 데이터 교육과 데이터 버스킹(마인드) 등의 교육을 통해 실제로 우리 회사에는 어떤 데이터가 있는지, 이것을 어떻게 활용하여 쓸 수 있는지에 대한 교육을 담당하고 있습니다. 어쩌면 저의 어릴 적 꿈이 이렇게 이루어진 것 같네요. 데이터 사이언티스트로 일하면서 다양한 현업에 종사하는 분들의 의견에 공감하고, 그들의 눈높이에 맞춰서 이야기하는 저의 모습을 좋게 봐주셔서 이 자리에 설 수 있었던 것 같습니다.

Question 현재 분야 외에 어떤 분야에서 일을 해보고 싶으신가요?

MD(Merchandiser, 상품기획자)가 매력적으로 느껴질 때가 있어요. 주변 친구들이 MD 업무를 잘 할 것 같다는 이야기를 많이 해 주죠. 최근에 어떤 분께서 '너만의 설득력이 있다.'라고 말씀해 주셔서 감사했어요. 저는 저 자신을 그렇게 생각해 본 적이 없어서 그런지 그런 말씀에 더 놀라기도 했고요.

문제를 발견하는 통찰력이 중요해

▶ 친구들과 함께 떠난 첫 유럽 여행

▶ 첫 유럽 여행, 오스트리아 할슈타트에서

▶ 첫 유럽 여행, 체코 프라하에서

Question

데이터 사이언티스트로서의 개인적인 목표가 있으신가요?

단기적인 목표는 지금 사용하는 파이썬(Python)이라는 툴을 잘 사용하는 것이고, 장기적 목표는 데이터 사이언티스트로서 보람을 느끼고 다른 사람들에게도 인정받는 것입니다. 아직 퇴직 이후의 삶을 생각해 본 적은 없지만, 누군가를 가르치는 업무를 할 것 같아요. 제가 가진 경험과 생각을 공유하는 일을 해보고 싶습니다.

Question

통계학을 전공한 사람은 데이터 분석 과정에서 어떤 역할을 하나요?

통계학을 전공한 사람과 컴퓨터공학을 전공한 사람은 문제에 접근하는 관점이 서로 다르다고 생각해요. 모델링을 할 때, 데이터가 해당 모델링에 적합한지 아닌지를 데이터의 형태에 따라 결정하게 되는데, 이러한 문제는 통계학을 전공한 사람이 풀 수 있다고 생각해요. 통계학을 전공한 사람은, 같은 결과라도 통계적으로 유의미한 결과가 무엇인지 살펴보며 데이터를 통해 인사이트를 찾는 편입니다.

Question

데이터 사이언티스트로서 필요한 덕목은 무엇인가요?

소통을 통해 문제에 공감하고, 문제의 본질을 꿰뚫을 수 있는 통찰력을 키우는 것이 중요하다고 생각해요. 공감을 잘 하지 못하면 문제 해결에 전혀 도움이 되지 않는 비즈니스 분석을 하게 되기 때문입니다. 실제로 일을 하다 보면, 문제가 무엇인지 정의를 내리는 것에 많은 시간이 소요됩니다. 이때 공감을 통해 문제 인식-문제 정의-데이터 분석 및 모델링-문제 해결과 같은 과정을 거쳐 결과물을 도출하고요. 그리고 데이터 분석 결과가 실제 비즈니스에 적용이 되어야 하는데, 분석을 한다고 해서 무조건 다 적용되는 것은 아닙니다. 예전에 유튜브에서 글로벌 회사의 데이터 사이언티스트가 데이터 사이언티스트를 소개하는 영상을 보았는데, 몇 가지 인상적이었던 말이 기억에 남습니다. "데이터 사이언티스트는 코딩만 하는 사람이 아니다, 코딩은 툴일 뿐이다, 우리는 비즈니스 문제를 풀어주는 사람이다, 쉬운 모델을 쓰더라도 그 문제를 풀 수 있으면 베스트다."라는 말이었죠. 이처럼 데이터 사이언티스트는 문제를 해결할 수 있는 인사이트를 발견하는 것이 중요한 직업입니다.

Question

데이터 사이언티스트가 되기 위해서는 반드시 통계학과를 가야하나요?

반드시 갈 필요는 없겠지만, 저는 개인적으로 통계학과에 진학하는 것을 추천합니다. 컴퓨터 프로그램은 차차 공부하면 되지만, 업무에 바탕이 되는 개념적인 이론들은 이후에 배우기 어렵기 때문이죠. 통계학을 공부하면 수리적인 내용도 이해할 수 있기 때문에 데이터 분석을 하면서 적합한 모델을 찾을 수 있습니다. 그리고 컴퓨터공학도 같이 공부하면 좋습니다.

데이터 사이언티스트가 되기 위해 학생들이 어떤 준비를 하면 좋을까요?

통계와 관련 프로그램을 어려워하지 않으면 플러스 요인이 될 것 같습니다. 실제로 하나의 프로그램만 제대로 배운다면 다른 프로그램 역시 빠르게 배울 수 있고요. 배우고자 하는 자세를 갖추는 것도 중요하고, 다양한 경험을 하기 위한 인문학적인 소양 역시 필요합니다. 프로그램을 잘 다룬다고 해도 커뮤니케이션을 잘 못하면 제대로 된 분석을 할 수 없기 때문이죠. 마지막으로 융합적인 사고가 뒷받침된다면 멋진 데이터 사이언티스트가 될 수 있을 것입니다.

데이터 사이언티스트를 준비하는 학생들에게 한마디 해주신다면요?

진로에 대해 고민하지 않는 사람들이 많은 것 같아 안타까움을 느낍니다. 하지만 요즘엔 자신이 재미있어 하는 것을 꿈으로 발전시키는 사람들도 많은데요. 생활 습관이나 관심사 등, 자기 자신에 관한 것을 스스로 찾는 것이 중요합니다. 그러다 보면 자연스럽게 자신이 좋아하는 일을 하게 될 것 같아요. 그 다음엔 자신만의 목표를 세워야 한다고 생각합니다. 그래야 구체적이고 세부적인 계획을 만들어갈 수 있으니까요.

외교관, 인권변호사를 꿈꾸던 아이는 고등학교 과정을 홈스쿨링으로 마친 후 미국에서 국제 분쟁에 대해 공부하면서 인류학, 국제학, 법학, 사회학 등 다양한 학문을 접하고 귀국하였고, 대학원에서는 인류학을 전공했다. 대학 시절부터 숫자적 통계를 활용하면 설득력이 크게 높아진다는 사실을 깨닫고, 데이터를 읽고 분석하는 일에 관심을 가지기 시작했다. NGO 인턴과 CJ E&M 채널 편성 PD를 거쳐, 현재는 다음소프트에서 빅 데이터 분석을 통해 마케팅 리서치를 하고, 시장 및 타깃 인사이트 리포트를 작성하는 일을 하고 있다. 아직 프로젝트 수행 경험이 많진 않지만 지속적으로 이 분야의 기술과 업무의 방향을 공부하고 부딪쳐 나아가며 자신의 진로를 끊임없이 개척하고 있다. 데이터 사이언티스트의 필수적인 덕목은, 데이터를 사람들이 이해할 수 있는 언어로 해석하는 인문학적 교양이라고 전한다.

데이터 사이언티스트

이예은

- 현) Daumsoft Social Data and Research Analyst
- 드림빌엔터테인먼트 기획 및 관리
- CJ E&M StoryOn(현 O tvN) 채널 편성 PD
- 국제엠네스티 한국지부 인턴
- 서울대학교 사회과학대학원 인류학과 석사
- UC버클리대학교 Peace & Conflicts Studies 학사

데이터 사이언티스트의 스케줄

이예은
데이터 사이언티스트의
하루

19:00 ~
▸ 휴식 및 여가

07:00 ~ 09:00
▸ 기상 및 출근 준비

09:00 ~ 12:00
▸ 출근 후 프로젝트 점검 미팅

12:00 ~ 13:00
▸ 점심식사

13:00 ~ 15:00
▸ 팀 주간 미팅

15:00 ~ 17:00
▸ 클라이언트 미팅

17:00 ~ 18:00
▸ 퇴근

18:00 ~ 19:00
▸ 저녁식사

세상이 궁금했던 학창 시절

▶ 2009년, 대학 첫 등교날

▶ 대학 시절, 자취하던 집에서 친구들과 하우스 파티

▶ 국제엠네스티 한국지부 인턴 활동 당시

Question 간단한 자기소개를 부탁드려요.

안녕하세요, 다음소프트 더 마이닝 컴퍼니 연구원 이예은입니다. 빅 데이터 분석을 통해 마케팅 리서치를 하고, 시장 및 타깃 인사이트 리포트를 작성하는 일을 하고 있어요.

Question 어린 시절은 어떻게 보내셨나요?

저는 외교관, 인권변호사를 꿈꾸던 아이였습니다. 활발하고 앞에 나서기 좋아하는 성격이었고, 의사 표현도 뚜렷한 편이었죠. 공부를 좋아하고, 또 열심히 해서 학교 성적은 좋은 편이었어요. 국사와 사회 과목을 특히 좋아했는데 홈스쿨링을 하는 동안 좋아하는 과목에 집중할 수 있었죠.

Question 특별한 교육 과정을 겪으셨네요.

고등학교 과정을 홈스쿨링으로 했습니다. 교회의 조그마한 교육관에서 10명 남짓한 친구들과 스스로 책을 읽고 과제를 하는 방식이었죠. 봉사 활동이나 여행 등 다양한 활동을 했어요. 책도 많이 읽었고요. 공부에 지칠 수도 있는 시기였지만 나름대로 즐거운 시간을 보냈어요.

대학교 전공은 어떻게 선택하게 되었나요?

고등학교 때 미국 캘리포니아에 있는 대학을 알아보다가 Peace and Conflict Studies 라는 전공을 알게 되었어요. 국제 분쟁에 대해 배우고, 이를 효과적으로 해결할 수 있는 방법을 고민하는 학문이었죠. 저에게는 수업 목록이 가장 흥미로운 전공이었습니다. 다양한 학과의 수업을 들어야 하는 다학제 시스템이어서 인류학, 국제학, 법학, 사회학 등 다양한 학문을 배울 수 있었어요. 자유로운 분위기에서 학문적 궁금증을 마음껏 펼칠 수 있어 아주 즐거운 대학 시절을 보냈습니다.

Question

특히 기억에 남는 전공 수업이 있었나요?

마지막 학기에 들었던 인류학 수업이 가장 기억에 남아요. 물론 다른 수업들도 모두 정말 재미있었지만, 특히 많은 국제 분쟁과 갈등 속에서 고통받는 사람들의 이야기를 인류학적인 시각으로 분석하고 배우는 수업이 재미있었어요. 큰 사회적 변화나 역사적 사건이 작은 개인에게 어떻게 영향을 미치는지 알 수 있는 수업이었죠. 이 수업을 통해 인류학에 관심을 가지게 되었고 결국 대학원을 인류학과로 진학하게 된 계기가 되었죠.

Question

대학 시절, 기억에 남는 특별한 활동이 있나요?

공공 데이터 창업 경진 대회에 나간 일이 기억에 남아요. 저는 '길따라 역사따라'라는 이름의 애플리케이션을 제안했는데요. GPS를 기반으로 역사 여행 오디오 가이드와 숙박 및 맛집 정보를 제공하는 앱이었죠. 아이디어 부문 장려상을 받았답니다.

Question 대학 시절부터 데이터를 활용하는 것에 관심이 있으셨나요?

대학 시절 내내 역사적 사건, 사고를 분석하고 대안을 제시하는 과제를 많이 했어요. 그리고 논리적으로 나의 주장을 펼치는 글도 써야 했죠. 그러던 중, 어떤 주장을 하는 글이든 숫자적 통계를 활용하면 설득력이 크게 높아진다는 것을 알기 시작하면서 데이터의 힘을 깨닫게 되었어요. 그러면서 자연스럽게 다양한 사회적 변화를 분석할 수 있도록 돕는 데이터를 읽고 분석하는 일에 관심을 가지게 되었죠. 특히 최근엔 기술의 발전으로 사람들의 행동, 생각의 변화를 읽어낼 수 있는 데이터가 폭발적으로 증가하고 있는데요. 저 또한 단순히 인문학적 지식을 넘어 데이터를 동시에 활용하는 분야에 관심을 가지기 시작한 거죠.

Question 대학 시절, 진로에 대한 고민은 없었나요?

많았습니다. 처음엔 법대에 진학하려고 했으나, 보다 넓은 세상에 대한 궁금증과 호기심을 풀어보고 싶어서 다른 전공을 선택했죠. NGO에서도 인턴을 해보면서 다양한 경험을 시도하려고 했습니다. 국제엠네스티 한국지부 인턴 활동을 한 것이 특히 기억에 남네요. 캠페인 부서 인턴으로 각종 행사, 캠페인 광고, 홍보 업무를 진행했습니다. 특히 인턴 6명 중 프로젝트 매니저로 위안부 시위를 기획하고 진행하기도 했어요.

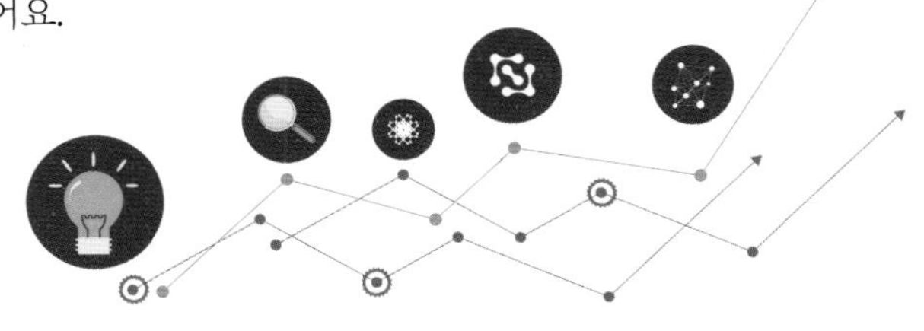

▶ 국제 기숙사 프로그램 사무실 동료 직원들과 함께

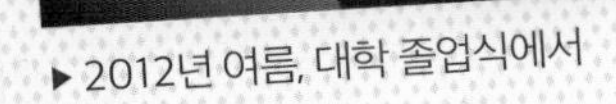

▶ 2012년 여름, 대학 졸업식에서

▶ 2013년 상반기 신입 사원 입문 교육 당시

Question 현재 일하고 있는 직업 분야를 꿈꾸기 시작한 시기는 언제인가요?

데이터 사이언티스트라는 직업은 제가 학교에 다닐 때는 없던 직업이었어요. 하지만 첫 직장에서 시청률 분석을 했기 때문에, 대학원 졸업 후에는 대학원 경험과 회사 생활 경험을 모두 활용할 수 있는 분야를 선택하고자 했습니다. 기존의 직업 중에 한 가지를 선택하는 것으로는 원하는 일을 찾기가 어려웠고, 다양한 경로를 통해 시도를 한 끝에 지금의 회사를 만날 수 있었습니다.

Question 진로 선택에 가장 많은 영향을 준 분은 누구인가요?

현재의 직장인들은 이전까지는 없던 환경에서 일하고 있습니다. 몇 십 년 동안 계속해서 같은 일을 하는 것이 아니라, 끊임없이 새로운 진로와 직업을 고민해야 하죠. 그러한 과정 속에서 꾸준히 새로운 길을 발견하고 도전하는 많은 사람들로부터 큰 영감을 받았어요.

Question 첫 직장에서 했던 일은 무엇인가요?

CJ E&M StoryOn(현 OtvN) 채널 편성PD로 사회생활을 시작했어요. 예능, 패션·뷰티, 드라마가 주로 편성된 여성 채널에서 가장 효율적인 시간대에 프로그램을 편성하기 위해 시청률을 분석하고, 드라마를 수급하기 위한 데이터 자료를 분석하고, 예고편, 예고

자막, 홍보 영상, 예능 프로그램 기획에 참여하였습니다. 프로그램을 분석할 때는 분 단위 시청률을 소수점 3자리까지 분석했죠. 방송의 내용과 시청률 그래프를 비교하면 어떤 장면에서 시청률이 올라가는지 볼 수 있어요. 대부분은 재미있거나, 감동적이거나, 자극적인 장면에서 시청률 그래프가 올라가는 것을 확인할 수 있죠. 하지만 프로그램 자체에서 이유를 찾기 어려울 때가 생각보다 자주 있어요. 그럴 때는 대개 방송 자체보다는 외부적 요인(다른 채널과의 경쟁, 개인의 취향이나 상황 등)에서 그 이유를 찾게 됩니다. 그럴 때마다 저는 굉장히 다양한 요인들이 복잡하게 얽혀 있는 현실적 상황을 단순히 숫자로 된 데이터만으로는 설명하기 어렵다는 것을 느꼈어요. 그리고 그러한 복잡함을 잘 이해하고, 통찰력 있게 분석하여 설명하는 능력을 갖추는 것이 중요하다는 것을 알게 되었죠.

Question 지금 하고 계신 일에 대해 소개해 주세요.

현재는 다음소프트에서 소셜 데이터를 분석하는 연구원으로 일하고 있습니다. 저는 계속해서 새로운 도전이 가능한 일을 해보고 싶었어요. 그런 의미에서 지금 하고 있는 소셜 데이터 분석 업무는 항상 기업이나 기관 등, 고객의 고민이나 질문이 달라진다는 점에서 상당히 도전적인 일이라고 생각합니다. 매번 다루어야 할 주제, 고객의 질문, 연구의 방향이 바뀌기 때문에 다양한 분야에 대해서 공부하고 배울 수 있다는 매력이 있어요.

소셜 데이터 분석은 온라인에 축적된 수많은 글들을 단어로 나누고 각 단어들이 얼마나 자주, 많이, 누구에 의해(나이, 성별, 결혼 여부, 자녀유무 등), 어떤 단어와 밀접하게 연관되어 나타나는지를 분석하는 일입니다. 이를 바탕으로 기업이나 기관의 고민이나 질문에 답하기 위한 분석을 하죠. 특히 저희 회사에서는 분석 결과를 바탕으로 의사 결정을 위한 컨설팅까지 하고 있습니다.

실제 사례를 말씀드리자면, 모 대기업 가전 사업부에서 기존의 어린이 빨래를 위한 소형 세탁기 '아기사랑 세탁기'를 싱글 전용으로 변경하여 개발하려고 한 적이 있습니다. 싱글 전용 세탁기의 이름과 마케팅 메시지가 어떠해야 할지에 대한 질문도 받았죠. 하지만 소셜 데이터 분석 결과, 싱글들은 오히려 세탁을 몰아서 한꺼번에 하기 때문에, 소형 세탁기를 싱글 전용으로 개발할 필요성은 없다는 결론을 내릴 수 있었습니다.

(*홈페이지 참고: http://www.daumsoft.com/socialBigDataMining.html)

현재 직장에 입사하고 처음 맡았던 일은 무엇인가요?

에어컨 시장에 대해서 분석하는 일을 했어요. 처음으로 혼자 책임을 지고 주도적으로 한 일이었죠. 본격적으로 일을 시작하기 전에는 다른 사람들을 보조하는 역할만 주어질 것이라고 생각했는데 아니었어요. 그리고 회사에서 나를 신뢰하고 있다는 생각이 들었고, 그 기대를 저버리지 않도록 누구보다 열심히 임했던 기억이 있습니다.

Question

기억에 남는 업무(프로젝트)가 있다면 소개해 주세요.

아직 이 분야에서 일을 시작한지 얼마 되지 않아 모든 프로젝트가 기억에 남아요. 그 중 쉬웠던 프로젝트는 한 번도 없었어요. 다 나름대로의 어려움과 재미가 있었습니다. 그럼에도 꼭 하나를 꼽자면, 대한민국의 세대별 고민에 대해 분석한 프로젝트가 가장 기억에 남아요. 나이, 성별, 결혼 여부, 자녀 유무에 따라 각자의 고민이 다 달랐지만, 모든 세대를 관통하는 고민의 키워드도 있었어요. 바로, 돈, 시간, 나이였죠. 한국 사회만의 문화적 특징을 기존의 인문학적 분석이 아니라 데이터로 보여주는 결과를 도출할 수 있어서 보람찬 프로젝트였어요.

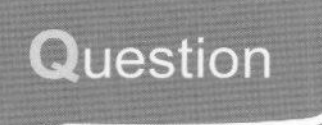

하루 일과는 어떤가요?

현재 직장에서는 재택근무를 시행하고 있어 각자의 개성과 편의에 따라 일과가 결정됩니다. 저는 화요일과 수요일 오전에는 미팅이 있기 때문에 회사로 출근합니다. 나머지 시간은 집이나 집 근처 카페에서 일을 하죠. 보통 오전보다는 오후에 일을 하는 편이에요. 자기 주도적인 업무라 만족스럽습니다. 프로젝트 마감 때는 밤을 새워가며 여러 날을 일하기도 하지만, 그렇지 않을 때는 비교적 여유가 있는 편이에요.

재택근무의 장점과 아쉬운 점을 꼽자면요?

아침마다 사람이 몰리는 지옥철을 타지 않아도 되고, 한산한 오후 시간에 병원이나 관공서에도 갈 수 있죠. 특히, 가족들과 많은 시간을 보낼 수 있어요. 물론 교통비와 점심값, 그리고 무엇보다도 이동하는 데 드는 시간도 아낄 수 있고요.

하지만 자기 주도적 시간 관리가 가능하다는 점은 엄청난 장점이자 단점이에요. 지나치게 자유롭게 지내면서 자기 관리를 하지 않으면, 마감 날짜에 보고서를 완성하지 못하는 불상사가 일어날 수도 있거든요. (다행히 아직까지는 그런 일은 없었지만요.) 이렇게 말하고 나니 아쉬운 점이라기보다는 주의할 점이네요.

'*디지털 노마드'라는 개념이 우리나라에도 조금씩 들어와서, 점점 더 많은 사람들이 자유롭게 세계를 여행하면서 일하는 것을 꿈꾸고 있다는 것이 소셜 데이터에서도 나타나고 있는데요. 디지털 노마드처럼 다른 지역이나 나라에 갈 수 있지는 못하다는 점이 아쉬운 점이라고 할 수 있겠네요.

*디지털 노마드(digital nomad): 첨단 디지털 장비를 지니고 여러 나라를 다니며 일하는 사람을 말함

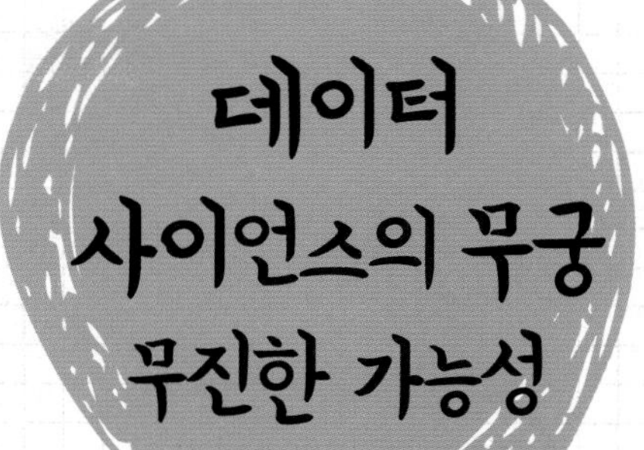

▸ 2014년에 떠난 유럽 여행 중, 파리 센 강 앞에서

▸ 2018년, 대학원 졸업식

Question 데이터 사이언스 분야의 가장 큰 매력은 뭔가요?

사회의 큰 흐름의 변화를 데이터로 설명할 수 있을 때도 보람이 있지만, 이 분야 자체가 아직 발전하고 있는 단계라 앞으로 다양한 방식으로 성장할 수 있다는 점이 가장 큰 매력 같아요. 각자의 관심과 방법을 직접 찾아가면서 새로운 길을 만들어 갈 수 있거든요. 도전을 할 수 있는 분야죠.

Question 현재 빅 데이터 분야는 어떻게 활용되고 있나요?

최근에는 기업마다 데이터 랩이 만들어지고 있어요. 기존에 적극적으로 활용하던 설문지나 *포커스 그룹 인터뷰를 넘어 빅 데이터로 관심을 확장하고 있죠. 아직 한국은 시작하는 단계이지만, 외국에서는 어느 기업에서나 가장 중요한 분야 중 하나로 빅 데이터를 다루고 있어요. 키워드 분석을 넘어 이미지 분석을 하는 등, 분석 기술과 방식도 계속해서 발전하는 중이지요.

*포커스 그룹 인터뷰(focus group interview): 특정 주제에 대해 소수(6~12명)의 그룹을 대상으로 하는 인터뷰. 진행자가 제시한 주제를 중심으로 참여자들이 자유롭게 토론하는 방식으로 이루어지는 연구 방법

Question 보람을 느낄 때와 어려울 때는 언제인지 궁금해요.

세상을 좁게 바라보지 않고 크게 읽을 수 있다는 느낌이 들 때 뿌듯합니다. 그런데 데이터가 예상과 맞지 않을 때는 당황스러워요. 결과를 이해하기 위해 깊은 고민을 해야 할 때는 어려움을 느낀답니다.

Question

대한민국에서 데이터 사이언티스트로 살아간다는 것은 어떤가요?

새로운 분야에 대한 도전은 위험 부담도 있지만 그만큼 흥미로운 일이 많이 기다리고 있다는 걸 의미하기도 합니다. 현 시점에 한국에서 데이터 사이언티스트로 일한다는 것은 지속적으로 이 분야의 기술과 업무의 방향을 고민하고 부딪치며 나아가고, 동시에 개인적인 진로를 끊임없이 고민하고 개척하는 것이라고 생각합니다.

Question

데이터 사이언티스트로서 개인적으로 노력하는 부분이 있나요?

데이터를 더욱 자유롭게 다루면서 다양한 인사이트를 도출할 수 있도록 끊임없이 공부하고 있어요. 데이터를 더욱 잘 다루기 위해 코딩도 배우기 시작했답니다. 업무 외에도 가끔 강연이나 집필 의뢰가 들어오면 데이터를 글이나 말로 풀어내는 일을 하기도 해요.

Question

데이터 사이언스 분야에서 앞으로 하고 싶은 업무가 있다면 무엇인가요?

한국의 데이터 사이언스 분야는 아직도 발전할 가능성이 많다고 생각해요. 이 분야에서 진정으로 전문성을 갖추기 위해, 소셜 데이터를 넘어 다양한 데이터를 활용하고 분석하는 법을 더 배우고 싶어요.

도전하고 싶은 분야가 있나요?

데이터 분야 내에서도 저만의 분야를 개척하기 위해 공부해야 한다고 생각해요. 데이터 리서치에서 나아가 프로덕션으로 이어지는 일을 해보고 싶어요.

마지막으로 데이터 사이언티스트를 준비하는 학생들에게 한 마디 부탁드려요

'데이터 사이언티스트'라는 직업에는 다양한 세부 분야가 존재합니다. 또 계속해서 확장되고 있고요. 데이터를 사람들이 이해할 수 있는 언어로 해석하는 분석가의 임무를 수행하기 위해서는 특히 인문학적 교양이 필수죠. 데이터는 사회 현상을 보여주는 단편적인 정보예요. 이를 이해하기 위해서는 꾸준히 사람과 세상에 관심을 가지고 이해하려는 노력이 필요해요.

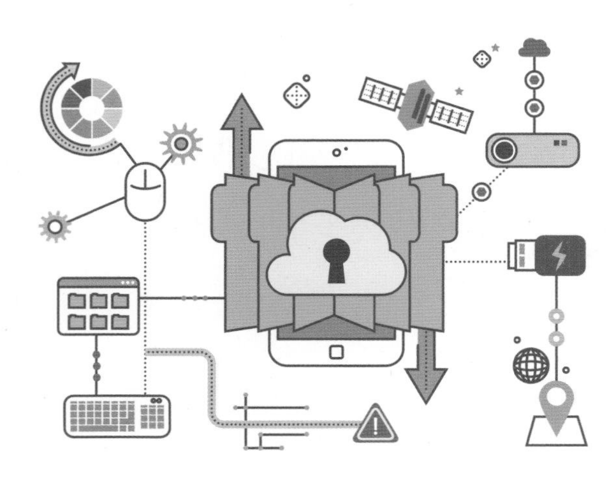

역사 선생님이 되고 싶어 사학과에 진학했고, 행정학을 복수 전공했다. 대학 시절, 국제개발협력과 관련된 소책자를 만들면서 콘텐츠 기획과 데이터 시각화 작업을 위한 인포그래픽에 대해서 관심을 가지게 되었다. 데이터 시각화 전문 기업 '뉴스젤리'에 인턴으로 입사해 데이터 속의 의미를 찾아내고 스토리를 입혀 유용한 콘텐츠로 전달하는 일을 배우고 익혔고, 지금은 브랜딩 콘텐츠 기획 및 제작을 책임지는 브랜드마케팅 팀장이 되었다.

기업, 정부, 사회 각 분야에 산재해 있는 데이터의 인사이트를 분석해 스토리텔링 콘텐츠를 제작하고, 시각적 데이터로 사회적 이슈를 재미있게 전달하는 이 분야는 수학, 통계학, 컴퓨터공학뿐만 아니라 데이터를 읽고 분석해 보기 좋게 시각화할 수 있는 능력이 필요한 분야라고 말한다.

데이터 사이언티스트

강원양

- 현) 뉴스젤리 브랜드마케팅팀 팀장
- 뉴스젤리 브랜드팀 브랜드콘텐츠 기획자
- 뉴스젤리 콘텐츠팀 데이터 기획자
- 서울여자대학교 사학과 (행정학과) 졸업

데이터 사이언티스트의 스케줄

강원양 데이터 사이언티스트의 **하루**

20:00 ~ 22:00
▸ 운동 및 취미, 여가 생활

22:00 ~ 24:00
▸ 휴식

7:30 ~ 9:00
▸ 기상 후 출근 준비

10:00 ~ 11:00
▸ 업무 일정 및 이슈 확인

19:00 ~ 20:00
▸ 퇴근

11:00 ~ 12:30
▸ 데이터 동향, 시각화 관련 정보 리서치, 시각화 관련 콘텐츠 기획

13:30 ~ 19:00
▸ 데이터 시각화, 콘텐츠, 브랜딩, 교육, 컨설팅 업무 / 마케팅, 그로스 해킹 업무

12:30 ~ 13:30
▸ 점심식사

콘텐츠 기획을 업으로 삼다

▶ 초등학교 1학년 소풍에서

▶ 대학생 때 봉사 활동으로 찾은 베트남에서 현지 식당 아주머니와 함께

▶ 대학교 동아리에서 세계시민 주제 행사의 기획과 진행을 맡았을 때

Question 먼저 간단한 자기소개 부탁드려요.

안녕하세요. 강원양입니다. 저는 뉴스젤리에서 브랜드마케팅 팀장으로 일하고 있습니다. 뉴스젤리는 데이터 시각화 전문 기업이에요. 뉴스젤리에서 제가 하는 일은 '데이터 시각화' 키워드를 중심으로 데이터 시각화 브랜딩 콘텐츠 기획 및 제작, 시각화 대시 보드 컨설팅, 데이터 시각화 교육 등 다양합니다. *스타트업의 특성상 일반 회사보다 담당하는 업무 범위가 넓은 편입니다.

> *스타트업(start-up): 신생 창업 기업을 뜻하는 말로 미국 실리콘밸리에서 처음 사용된 개념이다. 보통 혁신적인 기술과 아이디어를 보유하고 있지만 자금력이 부족한 경우가 많고, 기술과 인터넷 기반의 회사로 고위험·고수익·고성장 가능성을 지니고 있다.

Question 학창 시절, 꿈과 관심사는 무엇이었나요?

성실하고 책임감 있는 아이였어요. 중학생 때까진 수학 경시대회도 나갈 정도로 수학을 좋아했는데 고등학교에 진학하면서는 수학을 어려워하기 시작했어요. 대신 역사를 좋아하게 됐습니다. 역사 선생님이 스토리텔링을 잘 하셔서 저도 수업 시간마다 옛날이야기를 탐험하듯 즐겼어요. 그리고 장래 희망은 교사였습니다. 학급 반장을 하며 선생님들과 좋은 관계를 맺기도 했고, 한 TV 드라마 속 선생님처럼 학생을 지켜주는 선생님은 멋지다고 생각했죠.

Question 대학교 전공은 어떻게 선택했나요?

근현대사를 더 배워보고 싶어서 사학을 선택했습니다. 또 선생님을 꿈꿨기에 역사 교사가 되고 싶다고 생각했죠. 고등학교 때 담임 선생님께서는 취업을 걱정하시며 사학과 진학을 말리셨지만, 저는 대학은 취업보다는 배우고 싶은 것을 배우기 위해 가야 하는 곳이라고 생각했어요. 결국 입시 상담을 받을 때 추천받은 전공을 지원하지 않고, 원하는 과를 선택했죠.

전공 공부는 재밌었나요?

근현대사 외에도 들여다 볼 수 있는 세세한 역사가 있다는 걸 알게 되어 흥미로웠어요. 사학과에서는 큰 역사적 흐름을 시대별로 배우기도 하고, 역사 중에서도 세부 분야인 사상사, 미술사 등 특정 분야에 대한 공부도 했어요. 특히 생활사나 사상사 같은 그 시대 사람이 살았던 이야기가 재미있었습니다. 큰 흐름보다는 자그만 일상 속 사람들의 이야기요. 그리고 저는 행정학을 복수 전공했는데, 정책에 따라 사람들이 사는 한 동네에 어떤 변화가 일어나는지 배우는 것이 재밌었습니다.

대학 시절, 기억나는 에피소드가 있나요?

대학교 2학년 때 3주 동안 베트남에서 봉사 활동을 하게 되었어요. 그때 현지인들과 소통하며 보낸 시간이 기억에 남아요. 함께 갔던 친구들과 보낸 시간도 소중했고요. 이 경험을 통해 '다른 나라에 살고 있어도, 사람 사는 곳은 다 똑같구나! 각자 다른 나라에 살고 있고, 생김새는 달라도 서로의 감정을 나누면서 공감할 수 있구나!'라는 것을 느꼈어요. 그래서 책에서 이론적으로 배웠던 '*세계시민'이라는 개념을 실제로 공감할 수 있었죠.

*세계시민의식: 특정한 국가의 국적에서 벗어나 전 세계적인 철학과 감각을 가지고 세계의 일원이 되는 것과 그에 따른 권리, 시민적 책임을 의미한다.

Question 콘텐츠 기획에 관심을 갖게 된 계기가 궁금해요

대학교에서 *국제개발협력 트랙을 이수하면서 친구들과 함께 소책자를 만든 적이 있어요. 그때 주제를 기획하는 일부터 글을 쓰고 디자인하는 일까지, 전체적인 제작 과정을 경험하게 되었죠. 그 활동을 계기로 콘텐츠를 기획하는 일을 직업으로 삼아야겠다는 생각을 가지게 됐습니다.

*국제개발협력 트랙: 대학 프로그램의 하나로, 전공, 교양을 초월하여 '국제개발협력'과 관련하여 지정된 몇 개의 전공과 교양 수업을 이수하면 졸업 시 해당 트랙에 대한 인증서를 발급함

Question 대학 시절, 진로 고민은 없었나요?

요즘만큼은 아니지만, 제가 대학을 다닐 때에도 취업이 큰 이슈였어요. 특히 인문학과의 경우 취업에 대한 걱정이 더욱 컸죠. 교수님들도 취업 준비에 힘을 쓰라고 자주 말씀하셨고요. 그런데, 저는 그렇게 심각하게 취업을 걱정하진 않았어요. '사람'을 중심으로 바라보는 관점을 배운 그동안의 시간이 반드시 도움이 되리라 생각했고, 인문학을 전공했기 때문에 사회에서 분명한 역할을 할 수 있을 거라 믿었기 때문이에요.

Question 그럼 취업 준비는 어떻게 하셨나요?

남들이 가고 싶어 하는 대기업에 입사하기 위해서 내게 필요 없는 자격증을 굳이 따야 한다고 생각하지 않았어요. 제가 하고 싶은 일을 할 수 있는 곳에서 일하고 싶었죠.

제가 경험했던 많은 일들이 기획, 그것도 콘텐츠 기획과 관련이 있다는 걸 알게 되자

특히 기획 직무를 맡고 싶었습니다. 대학교 4학년 2학기 때 파워포인트를 만드는 교육을 들으며 '인포그래픽'을 접하게 됐는데, 이 시기 즈음에 '뉴스젤리'에서 데이터 기획자를 모집한다는 공고를 보았습니다. 인포그래픽도 알고 기획 역할도 할 수 있어서 입사 지원을 하게 되었어요.

진로 선택에 도움을 주신 분이 있나요?

대학 4년 동안 한 교수님께 교양 수업을 들었어요. 나중에는 전공 교수님보다도 더 친하게 지냈죠. 그 교수님께서 저를 가리켜 조직에 순응하기보단 자기주장을 하면서 하고 싶은 일을 하고 지내는 사람이라고 얘기해 주셨어요. 교수님의 그런 말씀은 하고 싶은 일을 해야겠단 결단을 내리는 데 큰 도움이 됐죠.

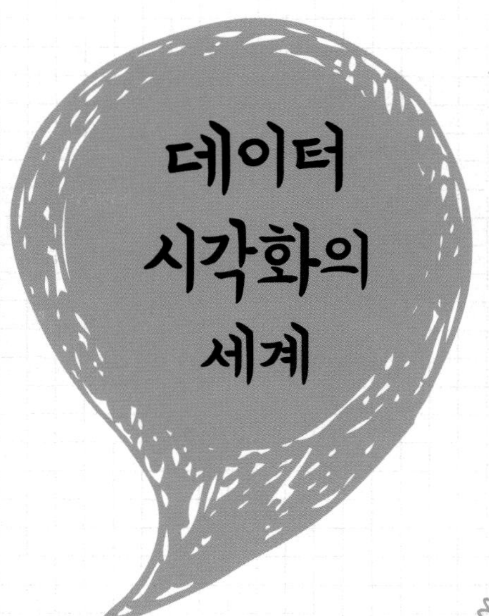

▶ 데이터 분석 프로젝트 발표 모습

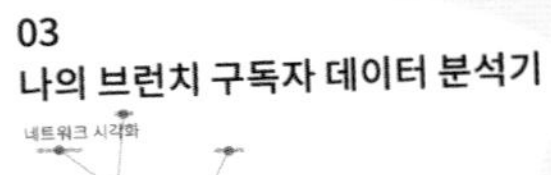

▶ 데이터 분석 프로젝트 발표 화면 캡처

▶ 데이터 시각화 관련 강의를 진행하는 모습

데이터 시각화란 무엇인가요?

데이터 시각화(Data Visualization)는 데이터를 활용하는 방법 중 하나입니다. 숫자, 텍스트로 이루어진 많은 양의 데이터를 도형, 색 등 시각화 요소를 활용해 도표나 차트, 그래프로 표현하고 사람들이 쉽게 이해할 수 있도록 전달하죠. 그리고 이런 과정 속에서 데이터 속에 담긴 의미를 찾아내기 위한 연구를 합니다. 잘 찾은 데이터 속 의미(인사이트)에 스토리텔링을 더한 데이터 스토리텔링 콘텐츠로 정보를 정확하고 재미있게 전달하려고 해요. 데이터 시각화를 통해 우리는 데이터 속 의미를 쉽게 찾을 수 있어요.

데이터 시각화를 바탕으로 찾은 데이터 속 인사이트를 바탕으로 스토리텔링 콘텐츠(데이터 시각화 콘텐츠)를 만들기도 하죠. 데이터를 기반으로 어떤 이야기를 한다는 면에서, 데이터를 기반으로 한 언론(혹은 언론 기사, 데이터 저널리즘)과도 관련이 있어요.

Question

데이터 시각화 분야는 어떻게 활용되고 있나요?

데이터 시각화는 데이터가 있는 모든 곳에서 활용되고 있다고 봐도 무방합니다. 데이터를 갖고 있는 정부, 기업, 개인 모두가 데이터 시각화를 통해 데이터 활용을 시도하고 있어요. 예를 들어 개인이라면, 데이터를 근거 자료로 보고서에 삽입할 시각화 차트나 그래프를 만들고, 자신의 주장을 상대방이 쉽게 이해할 수 있도록 활용하죠.

정부/기업은 많은 양의 데이터를 보유하고 있는데, 특히 이들이 데이터를 활용하고자 하는 것은 데이터 기반의 의사 결정을 통해 정확한 의사 결정, 이를 바탕으로 한 새로운 가치를 창출하기 위함입니다. 따라서 이들은 효과적으로 데이터를 활용하는 방법을 모색하고 있는데, 이 부분에서 데이터 시각화가 대안으로 활용되고 있습니다. 정부나 개별 기업의 부서마다 중요하게 생각하는 데이터 지표를 쉽고 빠르게 모니터링하기 위한 용

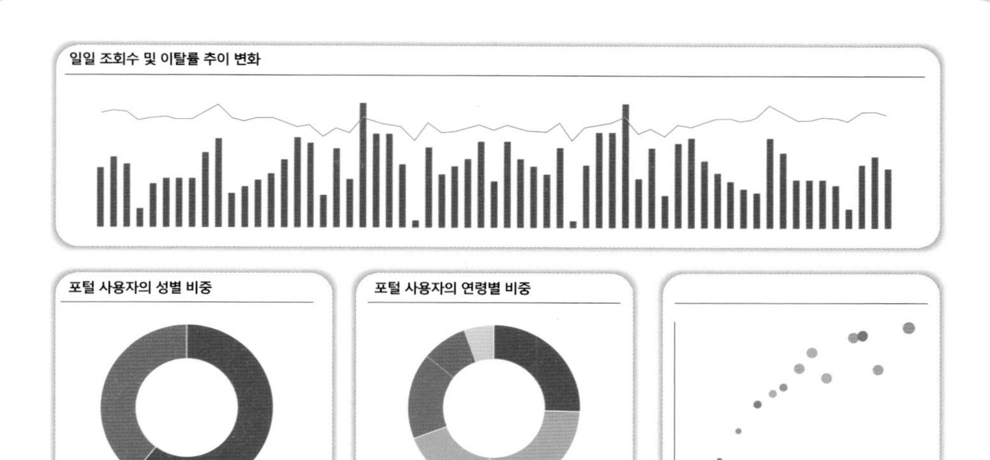

*이미지 출처: https://newsjel.ly/archives/newsjelly-report/visualization-report/9145

도로 데이터 시각화(시각화 대시 보드)를 활용합니다. 예를 들어 인사 부서는 부서마다 성과 관리를 위해 시각화 대시 보드를 활용하기도 하고, 마케팅 부서는 고객 데이터 분석을 통해 마케팅 전략을 짜기 위하여 시각화 대시 보드를 활용합니다. 특히 정부는 '데이터'에 대한 중요성을 강조하면서 민간 영역에서 데이터 활용을 장려하고 있는데, 정부가 보유하고 있는 데이터를 '공공 데이터'라는 이름으로 개방할 뿐만 아니라 대민 시각화 서비스를 사용할 수 있도록 제공하고 있습니다. (*참고: 공공데이터포털 https://www.data.go.kr/)

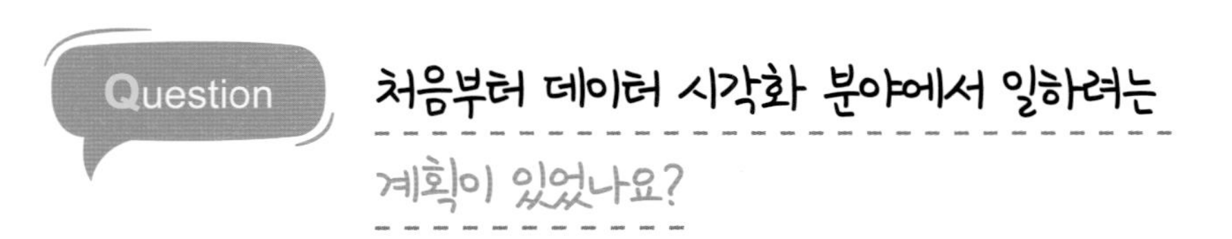

Question 처음부터 데이터 시각화 분야에서 일하려는 계획이 있었나요?

처음부터 이 분야에서 일을 해야겠다고 생각하진 않았어요. 다만 나의 이야기를 하고, 무언가 만들고 싶다는 막연한 희망이 있었죠. 자연스럽게 '콘텐츠'와 '기획'에 관심을 두게 되었습니다.

Question

입사 후 처음 맡게 된 일은 무엇인가요?

인턴으로 입사할 당시, 회사에서는 소비자들의 트렌드를 데이터로 확인하는 콘텐츠를 제작하고 있었습니다. 저는 개발자가 만들어 놓은 *크롤링 페이지에서 특정 조건을 입력하여 데이터를 수집했죠. '데이터 기획자'로 입사하였기 때문에 해당 직무에 대해 정확히 모른 상태에서 막연히 '기획' 업무를 할 것이라고만 생각했는데, 첫날부터 수학, 통계와 관련된 업무 내용이 더 많아서 놀랐습니다. 콘텐츠 기획보다 데이터에 대해 이해하고 수집하는 게 더욱 중요했죠. 제대로 취직한 게 맞는지 고민한 기억이 있네요. 하하.

크롤링(crawling): 무수히 많은 컴퓨터에 분산 저장되어 있는 문서를 수집하여 검색 대상의 색인으로 포함시키는 기술. 어느 부류의 기술을 얼마나 빨리 검색 대상에 포함시키느냐 하는 것이 우위를 결정하는 요소로, 최근 웹 검색의 중요성에 따라 발전되고 있다.

Question

신입 시절, 일하면서 어려운 점이 있었나요?

데이터 분석에 필요한 수학과 가까워지는 게 쉽지 않았어요. 일단 시작했으니 하는 데까지는 해봐야 한다고 생각했죠. '엑셀' 프로그램을 다시 가까이 두어야 했습니다. 문과 전공이라 개발자와 협업하는 데 어려움을 느끼기도 했어요. 개발자가 크롤링 코드를 짜서 줘도 저는 이 코드가 실제로 어떻게 구현되는지 몰랐거든요.

데이터에 대한 이해가 부족해서, 다른 직원 분들과 같은 수준으로 이해하고 커뮤니케이션 하기 위해 많은 노력을 쏟았습니다. 스타트업은 모두가 바쁘기 때문에 스스로 해결해야 하는 상황에 적응하는 것도 필요했죠. 다행히 함께 일하던 분들이 도움을 많이 주셨어요.

Question 기억에 남는 프로젝트를 소개해주세요.

신입 시절 참여했던 미공개 프로젝트가 가장 기억에 남아요. '계발을 권하는 사회'라는 주제로 시각화 콘텐츠 제작을 했죠. 취업 준비생과 자기 계발의 현실을 데이터를 통해 분석하고, 시각화해 글을 더한 콘텐츠로 만드는 과정이 재미있었어요. 특히 팀 구성원들이 각자의 전문 역량을 바탕으로 자유롭게 협업하는 과정에 매력을 느꼈습니다. 취업 커뮤니티에서 'ㅠㅠ'를 얼마나 많이 언급하는지, 자기 계발서에 어떤 키워드가 가장 많이 사용되는지 분석하기도 했어요. 꽤나 재미있는 시도였죠.

Question 회사에서 하시는 일을 좀 더 자세히 알려주세요.

회사에서 저는 '데이터 시각화'를 주제로 한 콘텐츠를 제작합니다. 사람들이 데이터 시각화를 쉽게 접하고 이해할 수 있도록 하고, 시각화 작업을 통해 데이터를 활용할 수 있다는 것을 제안하며 그 방법도 알려줍니다. 예를 들어 내가 갖고 있는 데이터를 시각화 차트로 만들 때 가장 적합한 시각화 차트는 무엇인지, 기업에서는 데이터 시각화를 어떻게 활용하는지 등, 시각화의 중요성과 활용 방법에 대한 콘텐츠를 제작하고 이를 회사의 채널, 언론을 통해 배포합니다. 같은 맥락에서 기업이 갖고 있는 데이터를 효과적으로 볼 수 있는 시각화 대시 보드를 컨설팅 하고, 기업 구성원을 대상으로 한 시각화 교육 콘텐츠를 개발하고 실제 강의를 진행하기도 합니다. 내부적으로는 회사가 갖고 있는 데이터, 예를 들면 이메일 마케팅의 성과 지표 같은 회사의 데이터를 모니터링하고, 이를 개선할 수 있는 방법을 찾고 시도하는 일을 하고 있어요.

Question 데이터 분석가의 하루가 궁금해요

출근을 하면 가장 먼저 업무 일정과 이슈를 확인합니다. 오전에는 데이터, 데이터 시각화 동향을 파악해요. 데이터 시각화에 대한 정보를 찾아보고, 블로그나 뉴스레터 등에 소개할 관련 콘텐츠를 기획합니다. 오후에는 프로젝트 단위로 일하기 때문에 그때그때 일이 달라요. 마케팅과 관련해서는 채널별로 데이터를 모니터링하여 개선 방법을 도출합니다. 고객들이 데이터를 어떻게 활용하고자 하는지 니즈를 파악하고, 시각화를 바탕으로 한 데이터 활용을 제안하고요. 하루에 1~2번의 회의를 하며 팀 내 업무 이슈를 비롯하여 팀원을 관리하고 의견을 조율하기도 합니다.

Question 이 분야의 매력은 무엇인가요?

데이터는 어디에나 있습니다. 데이터 시각화는 활용할 수 있는 범위가 넓다는 점이 매력적이에요. 금융 분야부터 의료 분야까지, 모든 곳에서 데이터 분석이 필요하죠. 데이터 탐색 과정에 시각화를 활용해 다양한 인사이트를 발견하고, 이 인사이트를 문제를 예측하거나 해결하는 데 활용할 수 있죠.

시각화를 통한 데이터 탐색은 데이터 인사이트로 이어집니다. 데이터 인사이트를 종합해 데이터 스토리텔링 콘텐츠를 제작하죠. 이때 사회 현상 등 특정한 이슈를 데이터의 관점에서 살펴보고, 발견한 데이터 인사이트를 사람들에게 재미있게 전달할 수 있다는 것이 이 분야의 매력입니다. 앞서 언급한 이메일 마케팅도 데이터 인사이트를 바탕으로 문제를 예측하거나 해결하는 한 사례인데요. 가령 매달 발송하는 시각화 뉴스레터 콘텐츠의 열람 비율이나, 클릭률 등의 지표를 기준으로 사람들의 반응이 좋았던 콘텐츠와 그렇지 않았던 콘텐츠를 구별해내고, 추후 콘텐츠 제작에 이와 같은 데이터 인사이트를 반영하는 것입니다. 많은 양의 데이터를 일일이 보지 않고서도 시각화 차트로 빠르게 볼 수 있어, 쉽고 빠르게 데이터 기반의 의사 결정을 할 수 있습니다. (*데이터 스토리텔링 콘텐츠의 예: http://contents.newsjel.ly/issue/tableau_food_delivery/)

뿐만 아니라 데이터 시각화에 예술적으로 접근하는 것도 매력적이에요. 더 많은 사람들이 관심을 가질 수 있도록 창의적이고 다양하게 결과를 표현하는 방식을 끊임없이 연구하죠. 해외에서는 '데이터 아티스트'라고 표현할 정도예요.

Question 데이터 분석가로서 새로 알게 된 점이 있다면 무엇인가요?

이전까지는 이과 출신만 데이터 분야에서 일할 수 있다고 생각했는데, 데이터 분석에 관한 고도의 기술적 역량을 가지지 않아도 데이터 활용을 할 수 있다는 걸 알게 됐어요. 제가 문과 출신이어서 그런지 시각화의 효과를 더욱 체감하기도 했고요. 데이터 시각화를 하면 누구나 데이터를 활용할 수 있어요. 물론 기본적인 이해는 필요하겠지만요.

보다 명료하고 정확하게

▶ 직장 동료에게 받은 책 선물 인증 샷

▶ 좋은 데이터 시각화는 명확한 목적을 가지고 만들어져야 해요.

▶ 사람들이 데이터 시각화를 더 가까이 하고 다양하게 활용할 수 있도록 힘쓰고 싶어요.

Question 일에서 언제 보람을 느끼시나요?

사회적으로 데이터에 대한 관심이 늘어나면서 최근에는 데이터 시각화에 대한 관심도 커졌어요. 데이터 시각화에 대해 관심을 갖고 물어오는 사람들에게 필요한 정보나 답을 줄 수 있을 때, 지금까지의 경험이 헛되지 않았다는 생각을 해요. 고객사로부터 도움이 됐다는 피드백을 받을 때도 보람을 느낍니다. 콘텐츠를 제작해 외부에 배포하거나 강의를 할 때, 데이터 시각화에 대한 공감과 칭찬을 해주시면 기분이 좋아요. 마케팅을 하며 이와 같은 반응을 지표로 확인하는 것은 기분 좋은 일이죠.

Question 데이터 분석가로 일을 하면서 어려운 점도 있나요?

딱히 이 분야에서 일하기 때문에 어려운 일은 많지 않다고 느껴져요. 다만, 제가 진행한 프로젝트가 객관적으로 타당한 해석인가 끊임없이 고민하고 인사이트를 찾아 헤매는 과정이 길어질 때는 종종 지치기도 합니다. 하지만 결과적으로는 다 의미 있는 과정이기에 괜찮아요.

Question 스타트업의 근무 환경은 어떠한가요?

분위기는 일반적인 회사보다 자유로운 편이에요. 회사 이름을 따라 직원끼리 서로를 부를 때, 직함 대신 이름에 '젤리'를 붙여서 부르는 문화가 있습니다. 예를 들어 '강젤리', '최젤리' 등으로 부르는 거죠. 저희도 쑥스럽고 어색해서 '젤'까지만 부르기도 해요. 이런 호칭이 처음엔 충격적이지만 계속 듣다보면 익숙해진답니다. 재밌는 호칭 문화 덕분에 회사 분위기가 경직되진 않게 여겨져요. 다만, 회사 밖에서 외부 사람들과 만날 땐 서로를 젤리라고 부르지 않아요. 젤리 동호회인줄 알 거 같아서요. 하하.

또, 스마트 오피스 제도도 있어요. 회사가 아니라 어디서든 일을 할 수 있죠. 대신 근무 장소와 업무 시작, 종료를 반드시 알려야 합니다. 스타트업은 자유로운 분위기, 수평적인 문화를 가지고 있지만, 대개 소규모 기업인 경우가 많아 한 사람이 맡은 역할이 많고 책임이 큰 편이에요. 그래서 일이 많긴 하지만, 한편으로는 주어진 역할과 책임만큼 많은 일을 경험할 수 있어 빠르게 성장할 수 있다는 장점이 있죠.

Question 쉬는 날은 주로 무엇을 하며 시간을 보내나요?

글쓰기를 좋아해서 시간이 날 때마다 블로그에 데이터 시각화 관련 글을 포스팅 하고 있어요. 회사에서 콘텐츠 제작을 하기 어려웠던 시기가 있었는데, 블로그가 하고 싶은 일을 하기 위한 또 다른 출구였던 셈이죠. 공부한 결과물을 스스로 정리하기 위한 목적도 있고, 제 관심사를 많은 사람들에게 알려주고 싶기도 해서요. 그 외에는 푹 자면서 피로를 풀거나, 관련 분야의 기업에서 보낸 밀린 뉴스레터를 읽습니다. 그때그때 관심사에 따라 리서치를 해 놓고, 다시 살펴보면서 괜찮다 싶은 사례들은 모아서 회사 업무에 반영할 수 있도록 정리해두기도 하고요. 최근엔 운동을 시작했는데, 운동을 하는 시간만큼은 잠시나마 일에서 벗어날 수 있어서 좋아요.

Question 롤 모델이나 멘토가 있나요?

옆에서 같이 일하는 사람들을 저의 멘토라고 생각해요. 각자 전문성을 가지고 협업하고, 시너지를 낸 경험이 있으니까요. 힘든 점을 털어놓을 수 있고, 서로의 이야기를 들어주는 가장 가까운 사람들이기도 해요.

Question 블로그에 데이터 시각화 수상작을 정기적으로 소개하시는데, 기억에 남는 수상작이 있다면요?

저는 블로그를 통해 해외 데이터 시각화 수상작 리뷰 콘텐츠를 포스팅 하고 있는데요. 특히 관중의 응원 소리로 축구 경기 데이터를 시각화한 작품이 기억에 남아요. '소리'라는 다소 접근하기 어려운 데이터를 시각화하고 인터랙티브 콘텐츠로 만든 것이 흥미로웠죠. 데이터 시각화의 배경을 3D 경기장으로 표현한 점도 대단했죠. 경기 시간 중의 트위터 키워드 분석도 재치 있었고요.

많은 시각화 수상작 가운데 눈길이 가는 콘텐츠는 사람들의 문화, 행태에 대한 인사이트를 얻을 수 있는 콘텐츠인 것 같아요. 이처럼 수상작 리뷰를 함으로써 시각화에 대한 다양한 통찰을 얻을 수 있습니다. 단순히 이 콘텐츠는 시각화를 어떻게 했느냐에서 더 나아가, 사람들이 어떤 방식으로 데이터를 이해하도록 설계했는지, 어떻게 데이터를 탐색하고 인사이트를 얻게 되는지 등을 알 수 있죠. 실무 감각을 기르는 좋은 방법입니다.

KANTAR Information is Beautiful AWARDS 2018 중, Signal Noise의 <Reimagine the Game>

*이미지 출처:https://www.informationisbeautifulawards.com/showcase/3442-reimagine-the-game

좋은 데이터 시각화는 어떤 내용을 담고 있어야 하나요?

좋은 데이터 시각화는 명확한 목적을 가지고 만들어져야 해요. 데이터 분석의 과정에서는 분석가의 궁금증을 해결하고자 하는 목적이 있어야 하고, 데이터를 보여주는 단계, 즉 설득의 단계에서는 데이터 인사이트를 정확하게 전달하려는 목적이 있어야 해요. 간혹 낯설지만 예쁜 시각화 사례들을 종종 볼 수 있는데요. 해당 콘텐츠의 목적이 데이터를 예술적으로 표현하는 것이라면 문제가 없겠지만, 정확한 데이터 인사이트 전달이 목적이라면 덜 예쁘고 단순하더라도 정확한 시각화 유형을 활용해야 합니다.

시각화는 데이터를 직관적이고 빨리 이해하기 위해 활용하는 것인데, 오히려 이해하는 데 많은 시간이 필요하다면 분석과 스토리텔링에 실패한 것이겠죠. 또, 보는 사람이 잘못된 데이터 해석을 하지 않도록 유의해야 하고요.

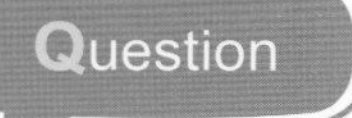

데이터 시각화를 잘하려면 디자인 능력이 꼭 필요한가요?

데이터 시각화는 데이터를 다루는 기존의 기술 분야와, 데이터를 전달하는 디자인 분야의 간극을 줄이는 일이에요. 따라서 디자인 능력이 뛰어나지 않아도 상관없어요. 시각적 요소에 대한 기본적인 이해가 있고, 가독성 높게 잘 정리하는 수준의 능력만 있다면 충분해요. 그보다는 데이터에 대한 이해가 우선입니다.

다양한 방식의 시각화 중 목적에 적합한 시각화가 무엇인지 알아야 하는데, 백 번 듣는 것보다 한 번 직접 시각화 차트를 만들어 보면서 익히는 게 가장 좋을 것 같아요. 여기에서 중요한 것은 '목적'이에요. 무엇을 위해 데이터를 활용하며, 데이터를 통해 무엇을 알고 싶은지가 명확하면 데이터에 대한 이해도, 시각화 차트를 만드는 것도 어렵지 않게 할 수 있죠.

Question 데이터 시각화 일을 하기 위해 어떤 준비를 해야 하나요?

데이터 시각화 일을 하기 위해서는 '데이터'에 대한 역량이 필요합니다. '데이터'에 대한 역량은 여러 가지로 구별될 수 있는데, 최근에는 데이터를 읽고 쓰는 능력이라 하여 '데이터 리터러시'라는 개념으로 말합니다. 데이터 리터러시 역량에는 데이터를 기술적으로 다루는 분야부터, 시각화하고 인사이트를 도출하는 역량까지 필요한데, '기술 관련 실무를 하고 싶다면, 수학, 통계학 뿐만 아니라 컴퓨터 공학 등 데이터 분석 기술'을 배울 필요가 있고, 전문적인 데이터 분석 기술에 대한 관심이 없더라도, 데이터 시각화와 데이터를 읽는 능력은 기를 필요가 있습니다. 사회 전반적으로 데이터에 대한 관심이 높아지면서 데이터를 기반으로 한 기사나 콘텐츠가 많은데, 이를 통해서 데이터를 읽는 경험을 할 수 있고, 경험을 바탕으로 능력을 기를 수 있습니다. 데이터를 읽는 것에서 나아가 데이터 시각화를 직접해보면서 시각화에 대한 이해도를 높일 필요도 있습니다.

Question 목표가 있다면 무엇인지 듣고 싶어요.

데이터 시각화 분야에서 이야기를 할 수 있는 사람, 즉 스토리텔러 역할을 하고 싶어요. 제가 문과 출신으로서 데이터 시각화를 통해 데이터를 이해하고 데이터의 의미를 찾아 사람들에게 이야기하는 일을 하게 됐으니까요. 제 경험을 통해 사람들이 데이터 시각화를 더 가까이 하고 다양하게 활용할 수 있도록 힘쓰고 싶어요.

마지막으로 데이터 분석가를 준비하는 학생들에게 한 마디 부탁드려요

먼저 나와 관련된 데이터로는 무엇이 있을지, 나의 데이터는 어떻게 활용되고 있는지 생각해 보길 바랍니다. 데이터라고 하면 나와 상관없다고 생각할 수 있지만, 그렇지 않아요. 생각보다 데이터는 멀리 있지 않아요. 우리가 매일 쓰는 스마트폰 앱만 하더라도 나의 행동을 데이터로 기록하고, 그 중 몇 가지 앱들은 나의 데이터를 기반으로 상품이나 콘텐츠를 추천해 주죠. 이때 기반이 되는 것이 추천 알고리즘인데, 바로 나의 데이터가 나에게 도움이 되어 주는 거예요. 좀 더 쉽게 생각해서, 내가 하루 중 어느 일에 얼마나 많은 시간을 쓰는지, 어디에 가장 많은 액수의 용돈을 쓰는지 등을 생각하고 이를 기록하면 그것이 바로 데이터가 됩니다. 나와 나의 주변을 데이터의 관점에서 보고 생각하는 연습이 나중에 데이터를 활용하는 데 큰 도움이 될 것입니다.

데이터 사이언티스트에게 청소년들이 묻다

청소년들이 데이터 사이언티스트에게
직접 물어보는 6가지 질문

"데이터 사이언스의 핵심은 무엇이라고 생각하시나요?"

현대의 많은 사업은 돈을 버는 기본 구조인 사업 모델에 맞는 적절한 서비스 설계를 해서 그에 따라 서비스를 만드는 것이 필요합니다. 그런데 사업 모델과 서비스 설계가 따로 노는 경우가 은근히 많아요. 다양한 방법론이 있지만 서비스와 사업의 구조와 맞지 않는 것을 적용하거나 명확하게 문제의 정의가 되어 있지 않으면 결과가 좋지 않습니다.

그래서 제가 생각하는 데이터 사이언스의 핵심은 사업의 설계, 서비스의 설계, 데이터의 설계가 서로 유기적으로 연결되도록 하는 것입니다. 사업 모델이 잘 되어 있으면 이것을 극대화할 수 있는 서비스 디자인의 요소도 구체적으로 뽑아낼 수 있고, 그러면 자연스럽게 이러한 서비스와 사업을 잘 돌아가게 하는 데이터 모델링도 할 수 있습니다. 그리고 어떤 사실을 바라볼 때 최대한 여러 가지의 가능성을 열어 놓고 다양하게 접근하는 것이 강력한 인사이트를 만들어내는 데에도 도움이 됩니다. 그렇게 하려면 기본적으로 현실에 호기심을 갖고 그 현실을 개선하고자 하는 욕구가 있어야 하는데요. 그 개선의 방법론으로서 항상 데이터를 염두에 둬야 하며, 많은 양의 데이터(빅 데이터)를 추구할 것이 아니라 질이 좋은 데이터의 설계를 먼저 고민하는 자세를 갖추는 것이 핵심입니다.

"데이터 분석가가 되려면 꼭 통계학과에 진학해야 하나요?"

엔지니어로서 일하기 위해 통계학은 꼭 필요한 과정이긴 합니다. 그러나 그 밖에도 다양한 방식으로 데이터 분석 업무를 할 수 있어요. 통계로 분야를 좁히기에 데이터는 무척이나 넓은 세상입니다. 보다 전문적인 지식을 습득하기 위해서 대학원에 진학하는 것도 추천해요.

"수학을 싫어하는데, 수학을 꼭 잘해야만 데이터 사이언티스트가 될 수 있나요?"

수학을 잘하지는 않더라도 숫자를 좋아하는 사람이라면 좋겠어요. 데이터 사이언티스트는 숫자로 커뮤니케이션을 하는 사람이기 때문이에요. 데이터는 틀리면 안 되기 때문에, 책임감을 가지고 업무에 임해야 하고, 모든 알고리즘을 이해하려면 수학적 마인드는 기본적으로 있어야 한다고 생각해요. 그리고 통계에 대한 공부를 한다면 개념을 명확히 이해하는 방식으로 할 것을 추천합니다. 개념만 제대로 이해하고 있다면 다른 전공 분야로도 확장이 가능하기 때문이죠.

"데이터 시각화 업무를 하기 위해서는 어떤 전공을 선택하는 것이 좋을까요? 디자인 전공이 좋은가요? 통계학과가 좋은가요?"

컴퓨터공학, 통계학 등 수학이나 통계 공부를 할 수 있는 학과를 선택하는 것이 기본적인 이해에 도움이 되리라 생각해요. 단, 도움이 될 뿐이에요. 같은 맥락에서, 디자인 전공 역시 도움이 되는 것을 배울 수 있을 뿐이죠. 특히 데이터 활용이 다각적으로 시도되고 실제 활용으로 이어지고 있다는 것은, 반대로 생각하면 어떤 전공이든 이제 데이터를 활용하지 않을 분야는 없을 것이라는 겁니다. 그렇기 때문에 전공이나 분야에 국한해서 생각하지 않았으면 좋겠어요. 저만 보더라도 문과 출신이지만 데이터를 다루고, 데이터를 이야기하고 있는데요. 전공보다는 데이터를 바라보는 관점을 늘릴 수 있는 경험과 학습이 중요합니다. 생활 속에서 데이터를 얼마나 가까이 두고 활용하고자 하는지에 달려있겠죠?

"데이터 사이언스 분야에서 직접 일을 하면서 새롭게 알게 된 점이 있으신가요?"

새로운 것을 접하고 습득하는 일에 익숙해야 한다는 점입니다. 빅 데이터 분야의 기술들은 정말 빠르게 변화하고 있어요. 그래서 그 변화의 속도에 맞추기 위해서 많은 노력을 꾸준하게 하는 것이 필요하죠. 개인적으로도 실리콘밸리의 소식이나 관련 분야의 컨퍼런스 자료들을 꾸준하게 보면서 새로운 기술들을 배우고 직접 테스트하고 있습니다.

"데이터 시각화를 할 때, 꼭 포토샵을 다룰 줄 알아야 하나요?"

마케팅을 할 때는 데이터 시각화와 연동해서 사용할 수 있는 툴이 있어요. 많이 알려져 있는 포토샵이나 일러스트를 굳이 하지 않더라도 상황에 따라 필요한 툴을 사용하면 됩니다. 포토샵이나 일러스트 등은 디자이너를 위한 툴이라고 볼 수 있습니다. 간혹 데이터 시각화 차트를 포토샵이나 일러스트로 그리기도 하지만, 이는 비교적 디자인의 관점에서 활용할 때 사용하는 툴이라고 생각하는 것이 맞는 것 같습니다.

데이터 시각화 작업을 할 때에는 데이터 분석 툴, 데이터 시각화 툴을 활용합니다. 데이터 시각화 툴은 tableau(태블로), 파워 BI 등입니다. 데이터를 가지고 다양한 형태의 차트를 만드는데 효과적이죠. 최근에는 엑셀과 같은 데이터 분석 툴도 데이터 시각화 기능을 추가하고 강화하고 있습니다. 따라서 데이터 시각화 차트를 만들거나 시각화를 통해 데이터 분석을 하고 싶다면, 데이터 시각화 툴을 활용하는 것이 효과적입니다.

Lorem Ipsum
Lorem ipsum dolor sit amet, sapientem suavitate accusamus
ex duo, quo sanctus placerat qualisque id. Quo gubergren
vituperata ea, duis torquatos nam ne. Nam ea tempor mollis
apeirian. Id cum regione malorum, per docendi gloriatur ea,
accumsan petentium qui an
44

DATA SCIENTIST

CHAPTER

| 3 |

예비 데이터 사이언티스트 아카데미

데이터 분석 프로세스

데이터 분석은 먼저 문제를 정의하는 것에서 시작하며, 이후의 과정은 데이터 수집, 데이터 처리, 데이터 분석, 리포팅/피드백 순으로 이어집니다. 각 과정은 한 단계씩 분리되어 진행되기보다 데이터가 가진 의미에 따라 순환적인 과정으로 이어집니다.

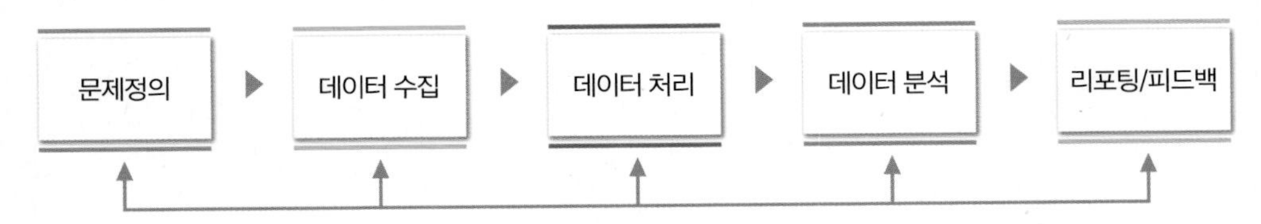

* 출처: Python 데이터 분석 실무, Wikidocs, 2018년 12월 17일 수정, 2019년 11월 12일 접속, https://wikidocs.net/16561.

1. 문제 정의

데이터 분석은 무엇이 문제인가를 명확히 정의하는 것에서 출발합니다. 문제 정의 단계는 데이터 분석 과정의 전반적인 큰 프레임과 분석의 방향성을 결정하기 때문에 중요합니다. 따라서 보통 데이터 사이언티스트와 관련 업무 담당자들이 함께 참여하고 협의를 거쳐 일을 진행합니다.

문제 정의 과정에서는 특별한 기술이 요구되지 않으나 데이터 사이언티스트의 경험이나 일을 대하는 태도 등에 의해 정의 내용이 달라질 수 있습니다. 그래서 성공적인 데이터 분석을 위해 데이터 사이언티스트는 관련 업무 담당자들과 다양한 협의를 거쳐야 합니다.

2. 데이터 수집

정의된 문제를 해결하기 위해서 필요한 데이터를 수집하는 단계입니다. 수많은 데이터 중에서 분석 목적에 적합한 데이터를 선별하고 항목을 정의해야 합니다. 이때 이미 내부에 보유하고 있는 데이터도 있을 수 있고, 필요에 따라서는 외부에서 데이터를 수집해야 할 경우도 생깁니다. 또한 매우 많은 수의 데이터는 컴퓨터 하드 디스크에만 저장할 수 없으므로 인터넷 공간에도 저장을 해야 합니다.

3. 데이터 처리

수집한 데이터를 분석에 적합한 형태로 처리하는 단계입니다. 이 과정을 데이터의 전처리 작업이라고 부릅니다. 데이터가 저장된 공간에서 필요한 데이터만을 추출한 뒤 데이터 분석을 위한 기본적인 테이블 형태로 만듭니다. 그리고 데이터의 분포 등을 확인하고 평균에서 크게 벗어난 이상치(outlier)를 제거하거나 표준화, 카테고리화, 차원 축소 등의 작업을 진행합니다. 따라서 데이터의 전처리 과정에서는 많은 시간이 소요될 수 있습니다.

4. 데이터 분석

데이터 분석은 도메인 영역으로 불리는 관련 분야의 지식과 여러 가지 상황에 따라 다양하게 진행됩니다. 데이터 사이언티스트는 데이터 자체에서 바로 드러나지는 않지만 정의한 문제를 해결할 수 있는 정보들을 찾게 됩니다. 이때 데이터 분석을 하기 위해 평균, 표준편차, 중위값, 최솟값, 최댓값 등을 살펴보는 탐색적 데이터 분석부터 요인 분석, 군집 분석, 회귀 분석, 머신러닝, 딥러닝 등에 이르는 다양한 방법이 활용됩니다.

5. 리포팅/피드백

리포팅 단계는 데이터 분석을 요청한 사람이나 관련 업무 담당자, 의사 결정자들에게 분석 결과를 설득력 있게 전달하는 과정입니다. 따라서 분석 결과를 상대방의 입장에 맞춰서 설명해야 하며, 핵심 내용과 사실을 중심으로 간결하고 명확한 형태로 전달해야 합니다. 이때 그래프 등을 이용하여 적절한 형태의 데이터 시각화를 진행하는 것이 좋습니다.

피드백 단계는 분석 과정에서 자칫 놓친 부분이 있거나 분석된 결과가 잘못되었을 때 분석 결과를 평가 및 검증받는 단계입니다. 이 과정에서 문제나 개선사항이 발견되면 해당 단계로 돌아가 다시 분석 과정을 진행하게 됩니다.

* 출처: 송태민·송주영(2015), 《빅데이터 연구 한 권으로 끝내기》, 한나래아카데미

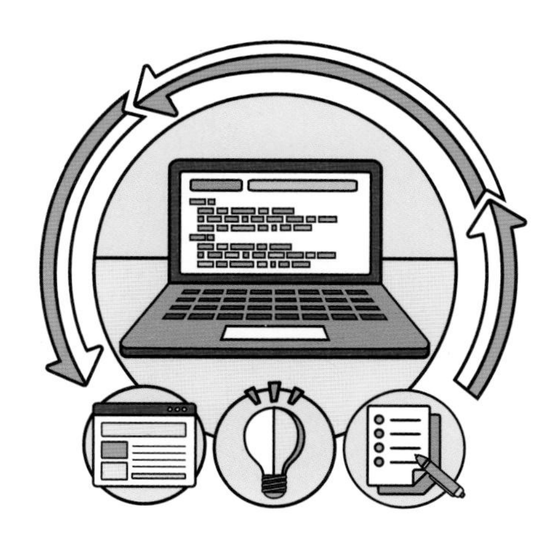

데이터 분석 활용 사례

공공 부문

1 전라북도의 구급차 배치 운영 최적화 모델

1 내용 요약

추위진 날씨에 심근경색으로 쓰러진 A노인. 119에 구조 요청을 하였으나 도시 지역과 농촌 지역의 응급 의료 이용 접근성의 편차로 인해 골든타임인 5분을 넘기고서야 구급차가 도착했습니다. 응급 상황은 가까스로 넘겼지만 앞으로 발생할 수 있는 사고에 신속한 대응을 할 수 있는 현실적인 방안이 필요한 상황입니다.

전북 지역의 5분 내 출동률은 54%에 불과한데, 도시는 불법 주차와 교통 체증 때문에, 농촌은 소방서와 신고 위치의 거리가 매우 멀기 때문이었습니다. 이러한 문제를 해결하기 위하여 전북소방본부는 빅데이터를 활용하여 '골든타임 확보를 위한 구급차 배치 운영 최적화 모델'을 진행하였습니다.

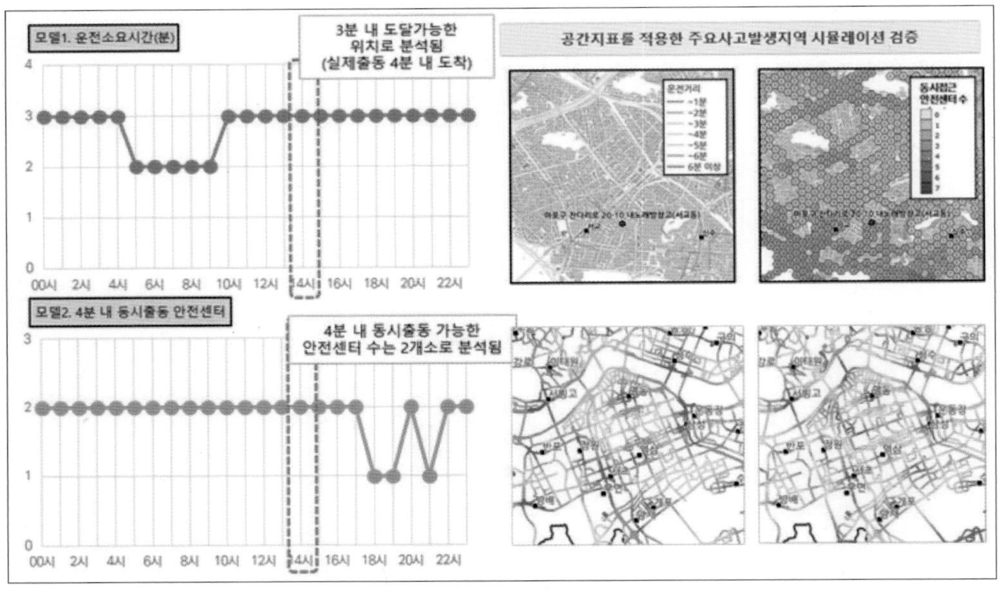

119 안전센터별 4분 골든타임 출동 분석 예시

* 출처: 공공빅데이터 우수사례집 - 행정을 스마트하게 바꾸다!

2 효과

빅 데이터 분석 결과를 활용하여 과학적이고 객관적으로 응급 출동 취약 지역을 도출하고 시간대별 취약 지역까지 파악하여 응급 출동 체계의 효율적 활용 및 재조정의 근거를 확보할 수 있습니다. 또한, 소방 활동 빅 데이터를 통해 한정된 자원을 시설 관리, 소방, 응급 환자 이송 등의 다양한 업무에 적절히 분배할 수 있습니다.

2 경기도의 CCTV 설치 지역 분석

1 내용 요약

어두운 골목길에 들어설 때마다 강력 범죄 기사가 떠오르는 B양. 더군다나 CCTV가 설치되지 않는 골목길에서 수상한 사람을 마주칠까 불안감이 더 커졌습니다. 이사를 가지 않고도 B양의 안전을 지킬 수 있는 방법이 절실한 상황입니다.

경기도는 매년 지속적으로 CCTV를 설치하고 있으나, 설치 지역에 대한 객관적인 정보가 부족했습니다. 대개 민원을 바탕으로 CCTV가 설치되다 보니 방범 효율성도 낮았습니다. 이에 경기도는 공공데이터와 민간 데이터를 연계하여 CCTV 우선 설치 지역 분석 최종 지수를 도출하였습니다. 경기도는 최종 지수를 6등급으로 구분하고 CCTV 우선 설치 지역을 선정하여, 수원시 126곳에 CCTV를 설치하였으며, 31개 시군에 이를 확대 적용할 계획입니다.

또한 CCTV 운영 관리 목적에 따라 'CCTV 성능 개선' 항목은 '설치 일자 오래됨', '화수 수 낮음', '개수 부족' 등의 세부 지표로 구분하여 관리의 효율성을 높였습니다.

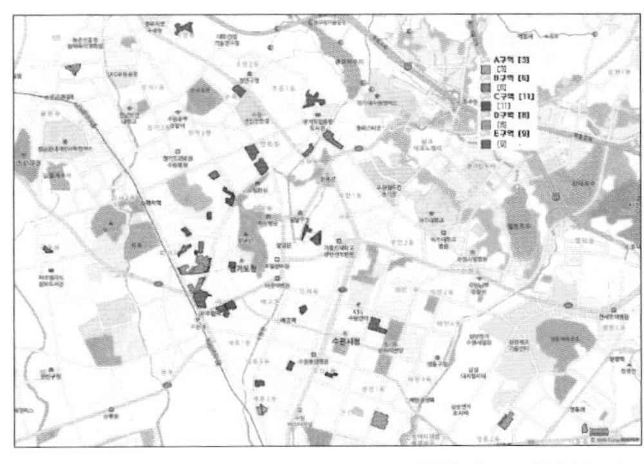

CCTV 설치 후보지역 분포도

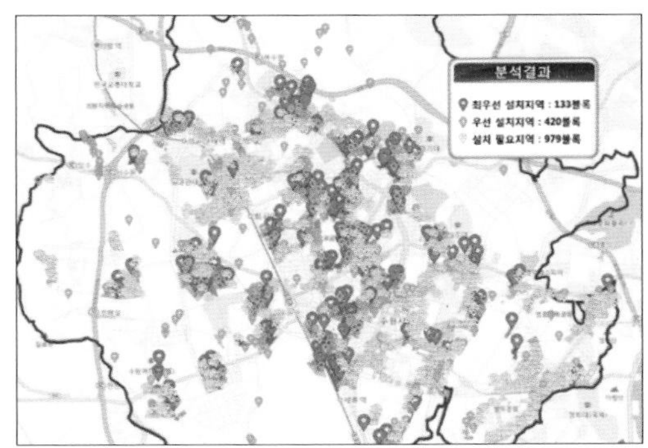

CCTV 우선 설치지역 분석 결과

* 출처: 공공빅데이터 우수사례집 - 행정을 스마트하게 바꾸다!

2 효과

경기도민의 CCTV 설치 요청 민원 데이터 분석 결과와 데이터의 타당성을 검토하여 방범 취약 지역에 CCTV를 우선적으로 설치하고, 강도와 절도 등의 범죄 발생률을 낮출 수 있을 것이라 예상합니다. 또한 도내의 보안 취약 지역이 개선됨으로써 도민의 안전한 생활을 보장할 수 있습니다.

③ 대구광역시, 전기차 충전 인프라 설치 입지 선정

1 내용 요약

전기차의 등장은 자동차 구매 예정자에게 높은 관심을 받고 있습니다. 대기 환경 개선과 신재생 에너지 사용을 장려하는 정부의 전기차 보급·확산 정책에 따라 실제 이용자도 증가하였습니다. 하지만 전기차 충전소는 일반 주유소에 비해 매우 적기 때문에 쉽게 구매 결정을 내리지 못하는 소비자들도 많습니다.

이를 위해 대구광역시는 빅 데이터를 기반으로 어느 곳에 전기차 충전소를 설치하면 좋을지 고민하여 충전 인프라의 접근성을 높이기로 하였습니다. 대구광역시는 설문 조사를 통해 40대 이상의 중장년 남성들의 차량 운행 비중이 가장 높다는 결과를 확인하였고, 대구광역시 내 대중 집합 시설 수도 파악하였습니다. 그리고 시간에 따라 변화하는 데이터나 가설적 실험 등, 통계적 예측에 이용되는 회귀 분석을 거쳐 입지 선정에 활용하였습니다.

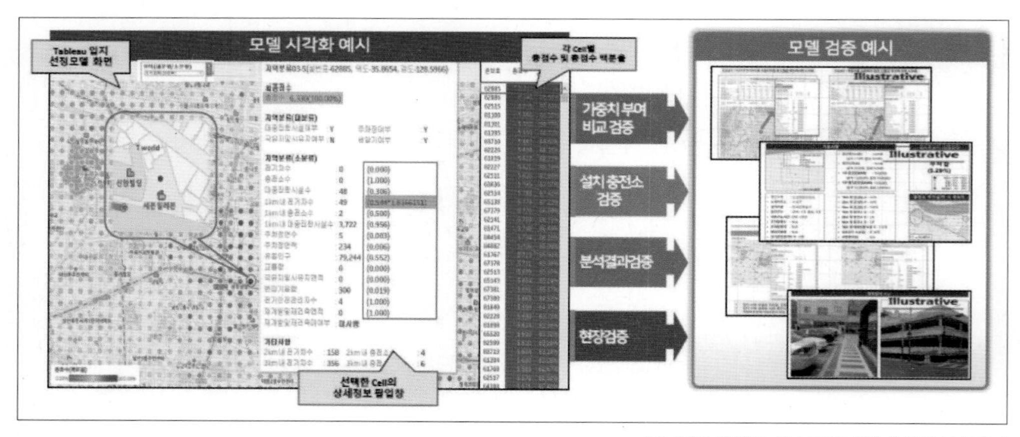

119 안전센터별 4분 골든타임 출동 분석 예시

* 출처: 공공빅데이터 우수사례집 - 행정을 스마트하게 바꾸다!

2 효과

과학적 입지 선정과 객관적인 지표 제공을 통해 지방 자치 예산을 효율적으로 사용할 수 있으며, 전기차 충전소를 이용하는 사용자의 불편도 줄일 수 있습니다. 또한, 충전소의 접근성이 좋다는 장점으로 전기차의 이미지를 개선할 수 있고, 제약 요건의 해소를 통해 전기차의 수요 증가도 기대할 수 있습니다.

4 전주시, 한옥 마을 관광 분석을 통한 경제 활성화

1 내용 요약

전주 한옥 마을이 대한민국의 대표 관광지로 떠오르면서, 곧 천만 관광객 시대의 문을 두드리고 있습니다. 하지만 많은 관광객들이 한옥 마을에 방문하면서 주차, 쓰레기, 숙박 등의 문제점 역시 해결해야 할 과제로 떠오르고 있습니다. 이에 전주시는 관광객들이 더 쾌적한 환경에서 관광을 즐길 수 있도록 환경을 개선하고 맞춤형 관광 정책을 개발하기로 하였습니다.

전주시는 통신사의 유동 인구 데이터, 카드사의 매출 데이터를 활용하여 전주 한옥 마을 관광객의 특성과 주요 유입지 등을 분석하였습니다. 또한 기상청, 한국도로공사등과 연계하여 날씨와 한옥 마을 내 동선 및 상권의 변화를 분석하고 관광객의 이동 범위를 파악하여 지역 관광 활성화에 활용하기로 하였습니다.

그 결과, 60대 이상의 단체 관광객과 10대 청소년들을 위한 콘텐츠를 강화시킬 필요가 있음이 드러났고, 더불어 20대 관광객과 가족 단위 관광객을 중점적으로 다루는 전략적 관광 정책도 수립하였습니다.

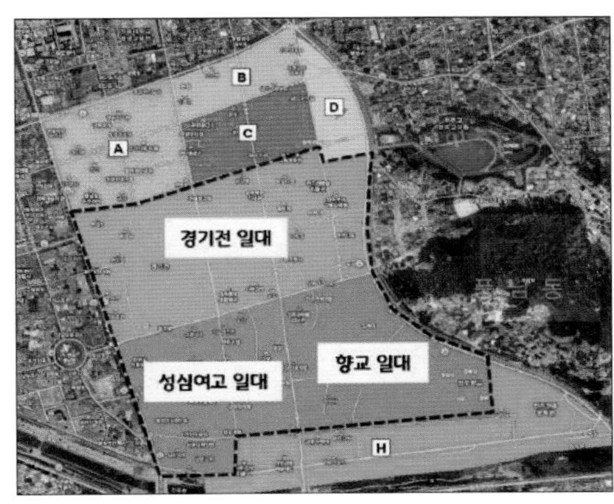

블록별 매출 분석

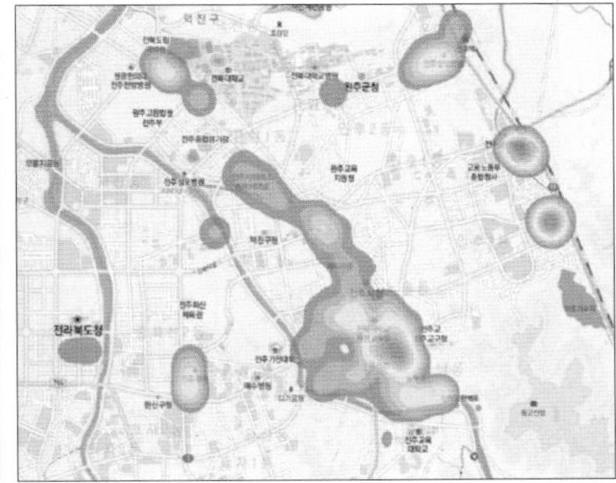

숙발밀도 현황 분석

* 출처: 공공빅데이터 우수사례집 - 행정을 스마트하게 바꾸다!

2 효과

전주 한옥 마을 중 관광객 유입률이 낮은 특정 지역의 홍보를 강화할 뿐만 아니라, 전주 내 다양한 관광 명소 연계를 통해 지속 가능한 관광 정책을 수립할 수 있을 것으로 예상하고 있습니다. 한국철도공사와의 협력을 통해 개발한 투어 트레인 상품과 각종 패키지 상품으로 인한 방문객 증가 및 그에 따른 직·간접적인 경제적 효과는 1천 7백억 원으로 추정됩니다.

⑤ 기상청과 농촌진흥청, 기상데이터와 농산물 생산성 예측

1 내용 요약

농산물은 날씨에 따라 그 물량과 가격이 좌우되기 때문에 수매가를 결정하는 것은 어려운 도전과 같습니다. 요즘 들어 폭염·폭우가 잦아지면서 농산물을 생산하는 산지에서는 날씨와 기후에 따라 작황이 큰 영향을 받는 일이 늘어나고 있습니다. 이는 곧 소비자 물가에도 영향을 미치기 때문에, 과학적인 농업 관리 지원은 반드시 필요한 상황입니다.

이러한 상황에 대응하기 위해 기상청과 농촌진흥청이 함께 '곡물 생산량 예측 모델'을 개발하였습니다. 주로 기상 자료와 국내 농업 제품 간의 상호 관계 분석, 주요 수입국의 날씨와 수입 정보 간의 상호 관계 분석, 질병 및 해충에 대한 비정형 데이터 추세를 분석하여 단위 면적당 농산물 예측량의 오차 범위를 감소시키는 데 성공하였습니다.

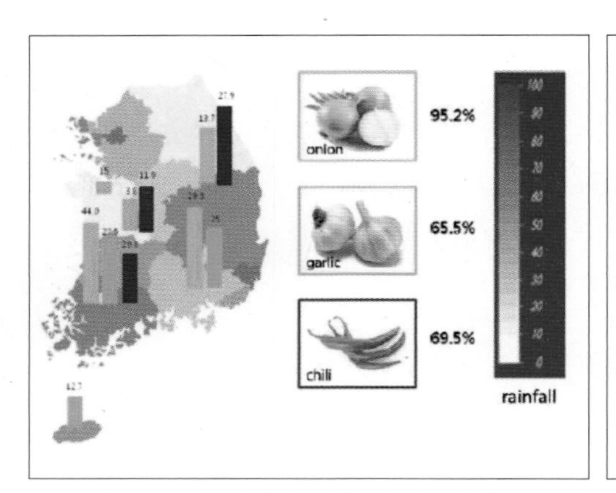

기후 시나리오에 따른 농작물 생산량 예측

지역별 단수 시뮬레이션

* 출처: 공공빅데이터 우수사례집 - 행정을 스마트하게 바꾸다!

2 효과

기상 여건을 반영한 농산물 단위 면적당 생산량 예측은 수급 조절 의사 결정에 영향을 미치며 농작물 가격 안정화와 서민 경제생활 안정이라는 긍정적인 효과를 기대할 수 있습니다. 또한 병해충 방지 및 발생에 대한 선제적 조치가 가능하여 농민의 정부에 대한 신뢰도도 높일 수 있다는 장점이 있습니다.

⑥ 경기도와 국토교통부, 공동 주택 관리비 빅 데이터 분석

1 내용 요약

공동 주택 관리비 부조리가 계속 반복되며 불편함과 부당함을 느끼는 사람들이 많아졌습니다. 관리비의 투명성 제고를 위한 공동 주택 관리비 부당 사용 방지 대책이 필요하지만, 감사 기관은 부족하고 감사에 필요 기간은 상대적으로 길다는 문제의식에서 출발하여 경기도와 국토교통부가 함께 '공동 주택 관리비 투명성 제고' 사업을 진행했습니다.

빅 데이터를 통해 공동 주택의 난방비 등 47개 항목과 입찰 비리를 분석하였으며, 또한 주민의 민원·감사 패턴을 도출하여 부과된 부당 관리비의 액수를 파악하였습니다.

관리비뿐만 아니라 사업자가 하도급 업체에 계약한 공사 금액 데이터도 비교 분석하여 '부적정 대상 리스트'를 작성하였고, 이를 바탕으로 입찰 비리로 추정되는 사업자를 도출하였습니다.

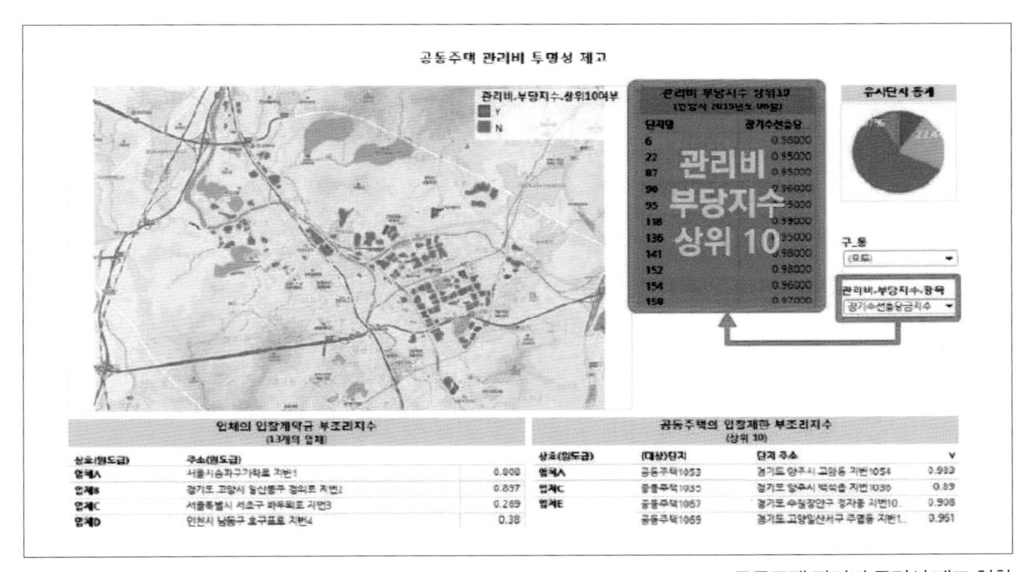

공동주택 관리비 투명성 제고 현황

* 출처: 공공빅데이터 우수사례집 - 행정을 스마트하게 바꾸다!

2 효과

지자체에서 공동 주택 관리비 실태를 점검하기란 현실적으로 어렵습니다. 하지만 공공 빅 데이터 분석을 통한 관리비 비리 근절로 10%의 관리비를 절감하여 총 1.1조 원의 비용을 절감할 것으로 예상하고 있습니다. 더불어 공동 주택 관리비 및 입찰 비리 적발을 통하여 자정 효과를 유도하고 감사 활동을 지속하게 되었습니다. 이로써 주민들이 부당하게 지출하던 관리비가 줄어들어, 가계 경제 안정에도 기여할 수 있게 되었습니다.

민간 부문

① 넷플릭스(Netflix, Inc.)의 맞춤형 영화 추천 시스템

넷플릭스는 OTT(Over The Top, 인터넷을 통해 볼 수 있는 TV 서비스) 플랫폼 중 하나로서 현재 1억 3,900만의 유료 가입자를 보유하고 있습니다. 넷플릭스는 이용자들의 취향과 영화 및 TV프로그램 시청 내역을 통해 선호도를 파악하고 요일별로 어떤 콘텐츠를 이용하는지도 분석합니다. 그리고 이용자가 시청할 만한 맞춤형 영화 개인화 추천 서비스를 시행하여 매우 높은 인기를 얻고 있습니다.

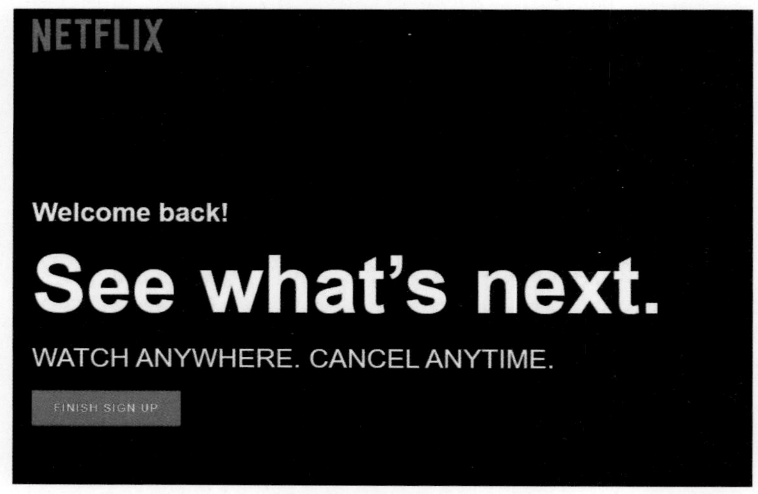

* 출처: Netflix.com

② 아마존(Amazon.com, Inc.)의 예측 배송

아마존을 이용하는 고객의 지난 구매 이력과 설문 조사를 통해 고객이 어떤 상품을 좋아할지 예측하고, 마우스 커서가 머무른 시간, 위시리스트 등의 빅 데이터를 이용하여 앞으로 어떤 시기에 고객이 어떤 제품을 구매할지 분석하는 시스템입니다. 분석 결과를 기반으로 주문이 예상되는 상품을 고객과 가까운 물류 센터에 미리 운송하여 배송 시간을 단축하고 재고 비용을 절감하는 효과를 얻은 사례입니다.

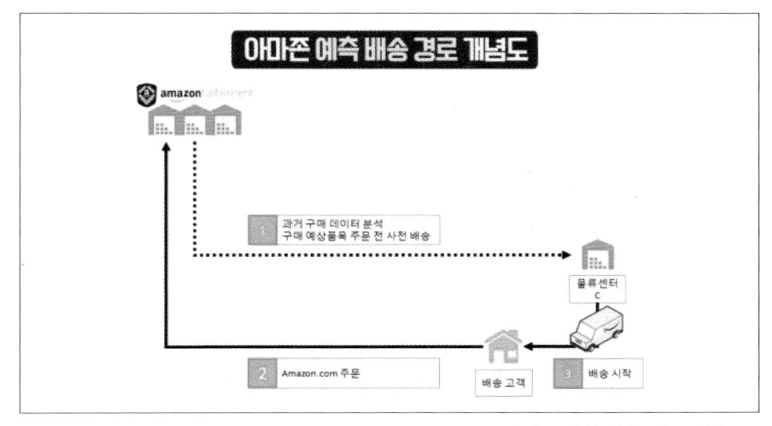

아마존 예측 배송 경로 개념도

* 출처: KBS T타임

③ 아비바(Aviva) 생명의 고객 맞춤형 보험 상품

영국의 아비바 생명은 운전자의 운전 패턴을 기반으로 한 맞춤형 보험 상품을 제공하고 있습니다. 차량 내 운행 기록 장치와 실제 운전 행태를 수집·분석하여 운전 시간대와 지역을 파악하고 보험료를 산정합니다.

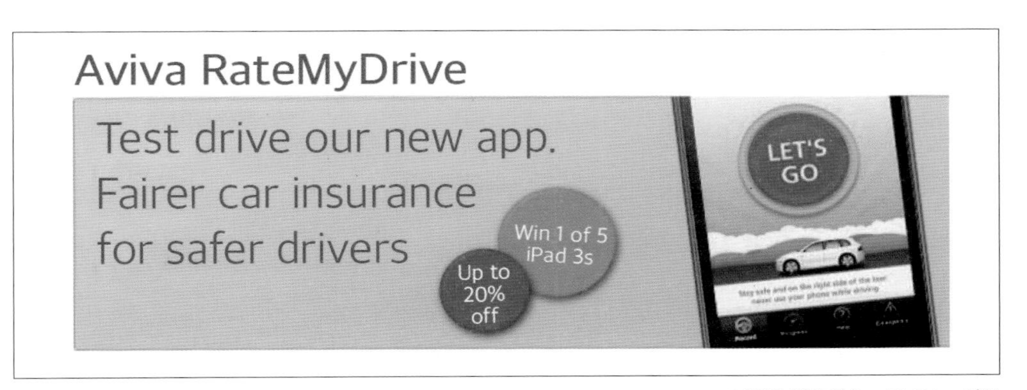

아비바 생명의 RateMyDrive 상품

* 출처: Telematicsnews.info

데이터 사이언스 주요 프로그래밍 언어 활용 매뉴얼 - R

R과 Python은 모두 데이터 사이언스에 활용되는 주요 프로그래밍 언어입니다.

R이란?

R은 비전공자도 이해하기 쉬운 문법 구조를 자랑하며, SAS, MATLAB과 같은 다른 사용 프로그램과는 다르게 무료로 설치하여 사용할 수 있다는 장점이 있습니다. 이에 보다 많은 사람들이 자발적으로 다양한 라이브러리를 생성하고 있습니다.

R 공식 홈페이지: www.cran.r-project.org

* R 공식 홈페이지에서 R을 무료 다운로드 할 수 있습니다.

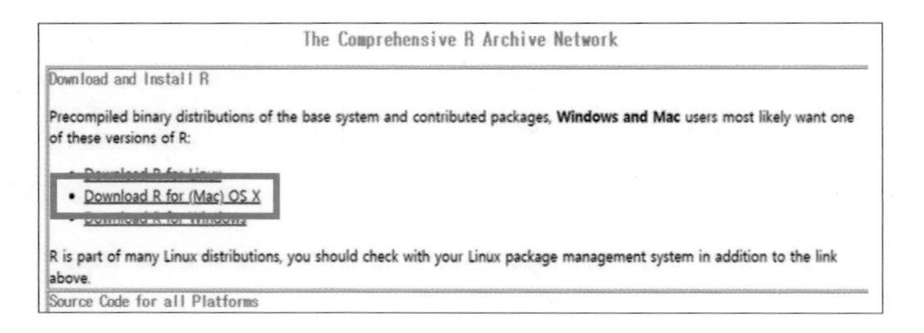

The Comprehensive R Archive Network

Download and Install R

Precompiled binary distributions of the base system and contributed packages, **Windows and Mac** users most likely want one of these versions of R:

- Download R for Linux
- Download R for (Mac) OS X
- Download R for Windows

R is part of many Linux distributions, you should check with your Linux package management system in addition to the link above.

Source Code for all Platforms

R | 다운로드 및 설치

1. 자신의 컴퓨터와 일치하는 운영 체제를 선택합니다.

- 여기서는 일반적으로 가장 많이 사용되는 Windows를 선택하였습니다.

Subdirectories:

base	Binaries for base distribution. This is what you want to install R for the first time.
contrib	Binaries of contributed CRAN packages (for R >= 2.13.x; managed by Uwe Ligges). There is also information on third party software available for CRAN Windows services and corresponding environment and make variables.
old contrib	Binaries of contributed CRAN packages for outdated versions of R (for R < 2.13.x; managed by Uwe Ligges).
Rtools	Tools to build R and R packages. This is what you want to build your own packages on Windows, or to build R itself.

Please do not submit binaries to CRAN. Package developers might want to contact Uwe Ligges directly in case of questions / suggestions related to Windows binaries.

You may also want to read the R FAQ and R for Windows FAQ.

Note: CRAN does some checks on these binaries for viruses, but cannot give guarantees. Use the normal precautions with downloaded executables.

2. 처음 설치하는 경우, 'install R for the First time'을 선택합니다.

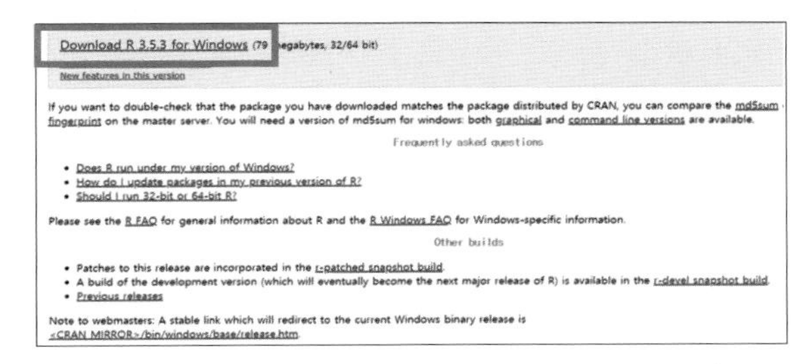

3. 'Download R 3.5.3 for Windows'를 선택합니다.
- 2019.03 기준 최신 버전

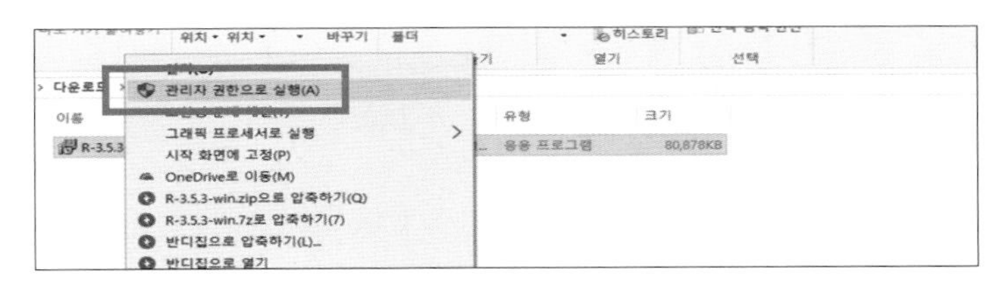

4. '관리자 권한으로 실행'을 선택합니다.
- 특히 Windows 7 이후부터는 권한 문제로 많은 오류가 발생하기 때문에 반드시 관리자 권한으로 실행합니다.

5. 순차적으로 설치를 진행합니다.

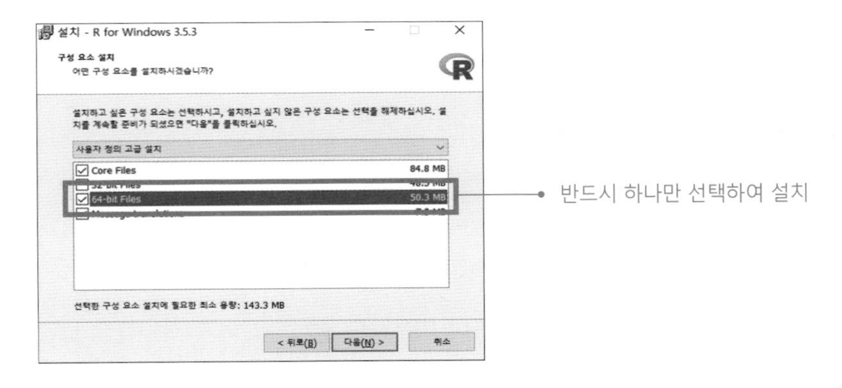

6. 컴퓨터의 운영 체제와 일치하는 속성을 선택합니다.
- 'Core files', 'Message translations': 기본적으로 필요한 파일
- '32 & 64 bit' 중 자신의 컴퓨터 시스템 종류와 일치하는 것 하나만 선택

7. 필요에 따라 JDK(Java Development Kit)을 설치해야 합니다.
- JDK 공식 홈페이지: www.java.com/ko

R studio

사실 R이 제공하는 기본 프로그램은 사용하기에 다소 불편함이 있을 수 있습니다. 반면 R studio는 코드의 결과를 바로바로 알 수 있기 때문에 비교적 편리한 편이며, 그만큼 많이 사용되고 있습니다. 기존의 R 프로그램보다 사용자친화적인 프로그램이라고 할 수 있습니다.

R studio 공식 홈페이지: www.rstudio.com

* R studio 공식 홈페이지에서 R studio를 무료 다운로드 할 수 있습니다.
www.rstudio.com/products/rstudio/download

R studio | 다운로드 및 설치

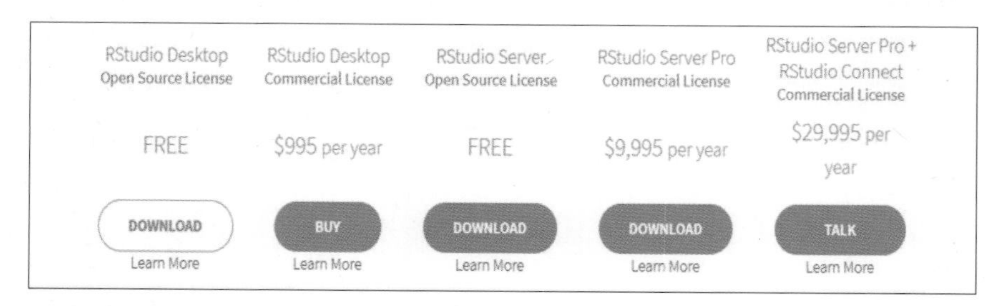

1. 가장 왼쪽에 있는 'R studio Desktop'을 선택합니다.

Installers for Supported Platforms

Installers	Size	Date	MD5
RStudio 1.2.1335 - Windows 7+ (64-bit)	126.9 MB	2019-04-08	d0e2470f1f8ef4cd35a669aa323a2136
RStudio 1.2.1335 - Mac OS X 10.12+ (64-bit)	121.1 MB	2019-04-08	6c570b0e2144583f7c48c284ce299eef
RStudio 1,2.1335 - Ubuntu 14/Debian 8 (64-bit)	92.2 MB	2019-04-08	c1b07d0511469abfe582919b183eee83
RStudio 1.2.1335 - Ubuntu 16 (64-bit)	99.3 MB	2019-04-08	c142d69c210257fb10d18c045fff13c7
RStudio 1.2.1335 - Ubuntu 18 (64-bit)	100.4 MB	2019-04-08	71a8d1990c0d97939804b46cfb0aea75
RStudio 1.2.1335 - Fedora 19+/RedHat 7+ (64-bit)	114.1 MB	2019-04-08	296b6ef88969a91297fab6545f256a7a
RStudio 1.2.1335 - Debian 9+ (64-bit)	100.6 MB	2019-04-08	1e32d4d6f6e216f086a81ca82ef65a91
RStudio 1.2.1335 - OpenSUSE 15+ (64-bit)	101.6 MB	2019-04-08	2795a63c7efd8e2aa2dae86ba09a81e5
RStudio 1.2.1335 - SLES/OpenSUSE 12+ (64-bit)	94.4 MB	2019-04-08	c65424b06ef6737279d982db9eefcae1

2. 자신의 운영 체제와 일치하는 것을 선택하여 다운로드 합니다. (여기서는 가장 보편적인 Windows를 기준으로 다운로드 하였습니다.)

3. 관리자 권한으로 실행 후 설치를 시작합니다. (Windows 7 이후부터 특히 권한 문제로 인해 많은 오류가 발생하기 때문에 반드시 '관리자 권한으로 실행'을 선택합니다.)

4. R studio 설치를 마무리합니다.

R studio | 기본적인 사용 방법

R studio의 구성

R studio는 크게 4개의 부분으로 구성되어 있습니다.

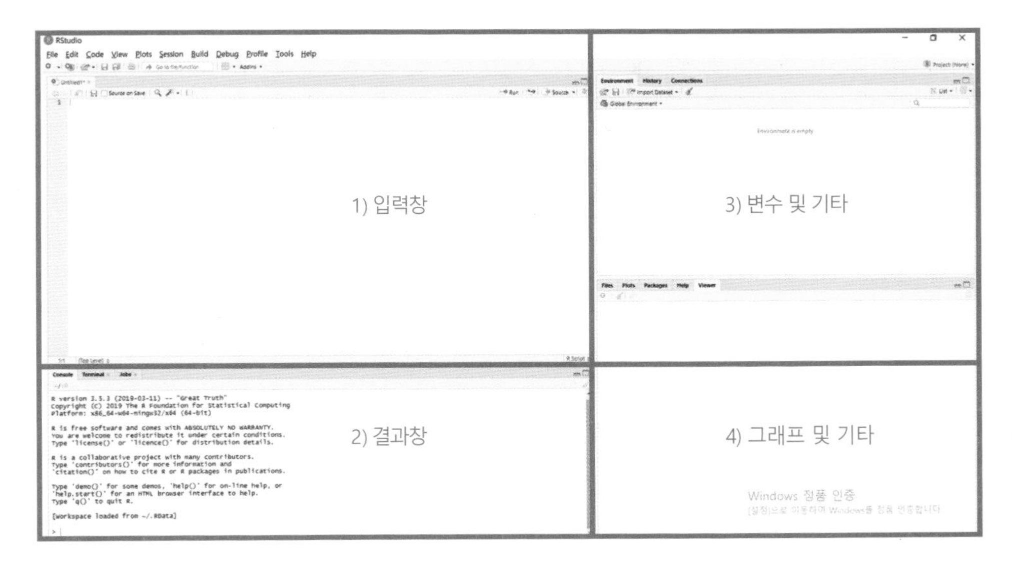

1) 입력창: 기본적으로 코드를 작성하는 공간입니다.

2) 결과창: 입력한 코드의 결과를 보여주는 곳입니다.

   + 위의 두 부분은 기존 R의 작업 환경과 비슷합니다.

3) 변수 및 기타: 앞서 입력한 코드의 결과 중 변수들과 기록들을 볼 수 있는 곳입니다.

4) 그래프 및 기타: 입력한 코드들의 결과 중 그래프와 파일 패키지 이미지 등을 편리하게 확인할 수 있는 곳입니다.

R studio 시작

입력창을 만든 후 시작합니다.

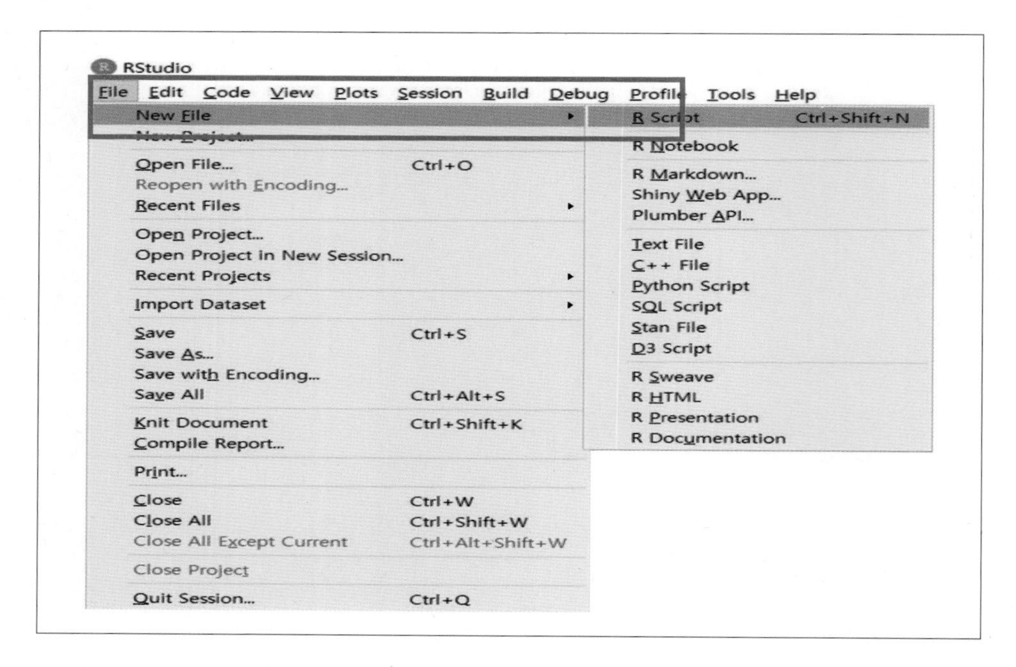

1. 좌측 상단의 'File'을 클릭합니다.

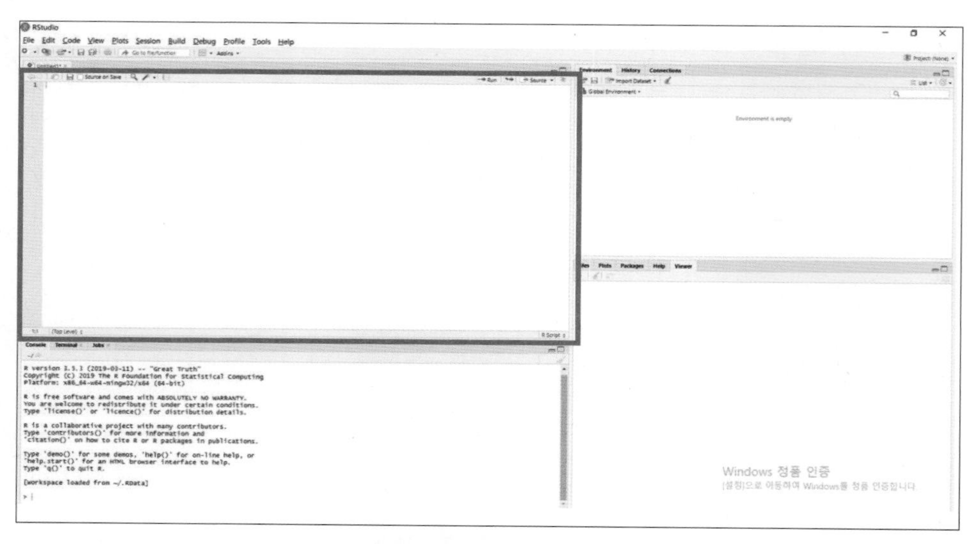

2. 'New file' → 'R script'를 클릭하면 위와 같은 화면이 나옵니다.

R packages(라이브러리) | 설치 및 실행

R에서 packages 설치

1. R을 관리자 권한으로 실행합니다.
2. 설치 예시(plotrix: 3D 그래프를 지원해주는 패키지)를 참고하여 설치를 진행합니다.
   1) 명령어 창에 install. Packages("패키지 이름") 입력
   2) HTTPS CRAN mirror 창에서 원하는 서버를 선택
      Korea (seoul 1) 선택을 권장
3. 완료

대표적으로 사용되는 Packages 소개

데이터 불러오기	
Xlconnect / xlsx	Microsoft excel 형태의 정보를 불러올 때 쓰이는 패키지입니다.
Odbc	ODBC driver를 사용하는 데이터를 불러올 때 쓰이는 패키지입니다.
RMySQL	데이터베이스에서 정보를 불러올 때 쓰이는 패키지입니다.
DBI	기본적인 데이터베이스에서 정보를 불러올 때 쓰이는 패키지입니다.

데이터 기본 연산	
dplyr	데이터 정렬, 데이터 연산, 데이터 요약에 쓰이는 패키지입니다.
tidytr	데이터 형태를 변환할 때 많이 쓰이는 패키지입니다.
stringr	정규표현식(regular expression)을 지원하는 패키지입니다.

데이터 시각화	
ggplot2	가장 유명한 패키지로, 그래프 등 다양한 시각화를 지원합니다.
ggvis	Web에 기반을 둔 그래프 패키지입니다.
rgl / plotrix	3D 그래프 지원이 특징입니다.

예시

자료 불러오기

여기서부터는 일반적인 R이 아니라, R studio를 사용하여 진행합니다. 앞서 R 기본 프로그램을 사용한 이유는, R studio는 R 기본 프로그램을 기반으로 실행되므로 R studio를 사용하기 전에 R 기본 프로그램에 대해서도 알아둘 필요가 있기 때문입니다.

R studio는 기본적으로 데이터 샘플을 제공하고 있습니다.

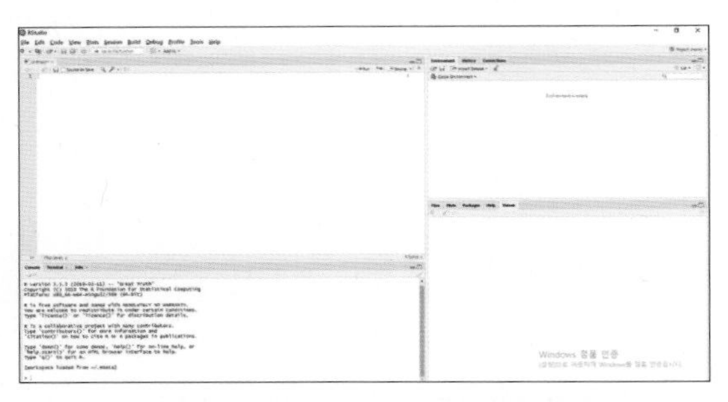

1. R studio를 실행한 후 앞서 설명한 바와 같이 새로운 R script를 생성합니다.

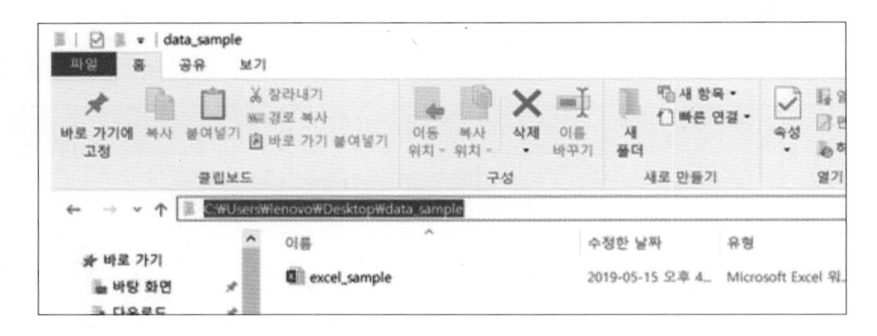

2. 샘플 데이터를 위와 같이 excel로 작성합니다.

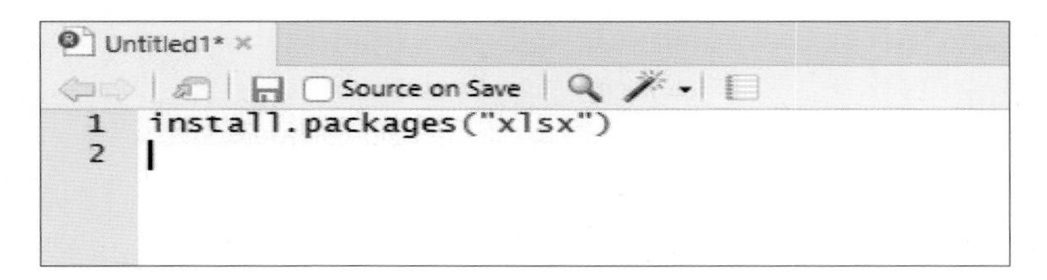

3. 파일 탐색기에서 자료의 위치(path)를 확인합니다.

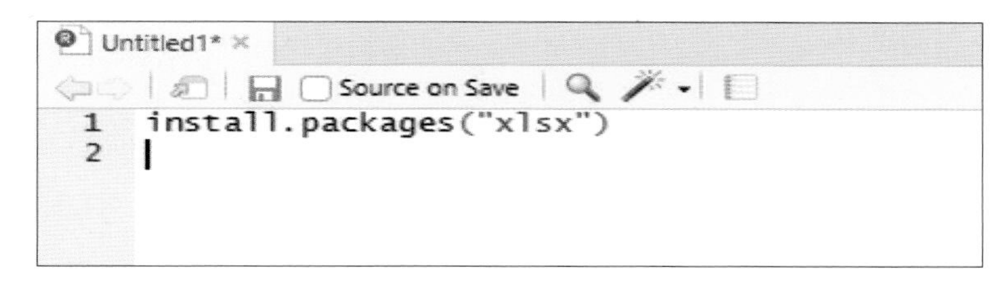

```
1  install.packages("xlsx")
2  
```

4. R 프로그램에는 excel 데이터를 읽기 위한 xlsx라는 패키지가 존재합니다. 해당 패키지를 설치합니다.

   설치 문법: install.packages("원하는 패키지")

   ⇨ install.packages("xlsx")

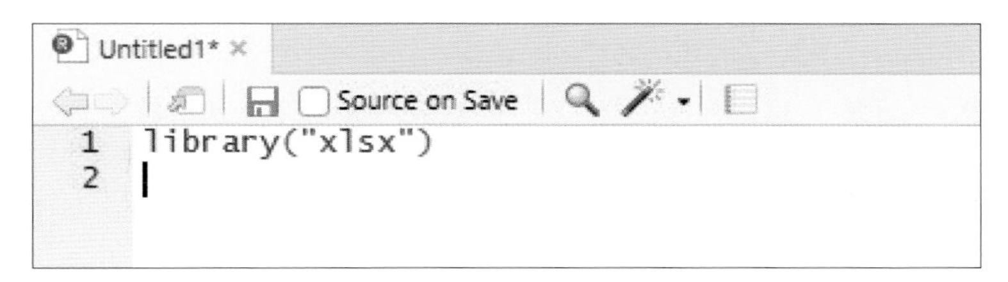

```
1  library("xlsx")
2  
```

5. 앞서 다운로드 받은 패키지를 로딩 합니다.

   로딩 문법: library("원하는 패키지")

   ⇨ library("xlsx")

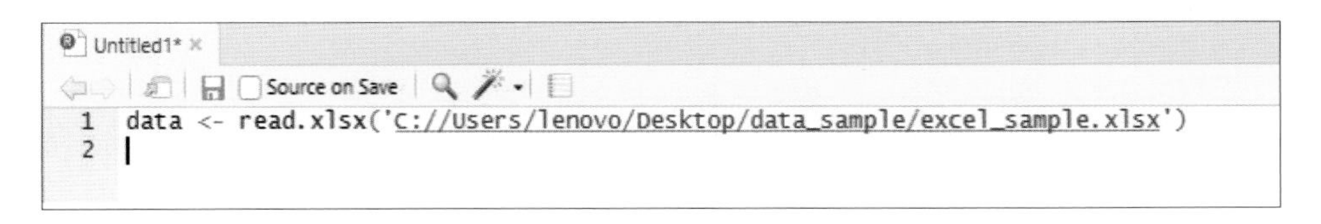

```
1  data <- read.xlsx('C://Users/lenovo/Desktop/data_sample/excel_sample.xlsx')
2  
```

6. 앞서 파일 탐색기에서 확인한 파일의 위치를 참고하여 코드를 작성합니다.

   여기서 파일 위치는: C: ₩Users ₩lenovo ₩Desktop ₩data_sample, 파일 이름은: excel_sample.xlsx라고 가정하였습니다.

기본 데이터 샘플 불러오기

R 프로그램에는 C의 hello world와 같은 기본 내장 데이터가 있습니다. 해당 내장 데이터 샘플의 이름은 iris입니다.

뒷장에서 이어지는 데이터의 연산 및 그래프 그리기 예시의 진행을 위해 iris 자료를 이용하도록 하겠습니다.

1. 입력창에 iris를 입력합니다. 결과창에서 아래와 같은 데이터 내용을 확인할 수 있습니다.

Console | Terminal | Jobs

```
> iris
   Sepal.Length Sepal.Width Petal.Length Petal.Width    Species
1           5.1         3.5          1.4         0.2     setosa
2           4.9         3.0          1.4         0.2     setosa
3           4.7         3.2          1.3         0.2     setosa
4           4.6         3.1          1.5         0.2     setosa
5           5.0         3.6          1.4         0.2     setosa
6           5.4         3.9          1.7         0.4     setosa
7           4.6         3.4          1.4         0.3     setosa
8           5.0         3.4          1.5         0.2     setosa
9           4.4         2.9          1.4         0.2     setosa
10          4.9         3.1          1.5         0.1     setosa
```

2. 데이터를 확인할 수 있는 다른 방법은, iris를 변수에 저장한 후에 변수 기타 창에서 확인하는 방법입니다. iris를 입력한 뒤 변수 기타 창에 data라는 변수가 생겼음을 확인할 수 있습니다.

해당 변수를 클릭합니다.

Untitled1* | data

	Sepal.Length	Sepal.Width	Petal.Length	Petal.Width	Species
1	5.1	3.5	1.4	0.2	setosa
2	4.9	3.0	1.4	0.2	setosa
3	4.7	3.2	1.3	0.2	setosa
4	4.6	3.1	1.5	0.2	setosa
5	5.0	3.6	1.4	0.2	setosa

3. 입력창에 위와 같이 새로운 창이 뜨면 좀 더 보기 좋은 형태로 데이터를 확인할 수 있습니다.

기본 데이터 샘플 불러오기

뒷장에서 데이터를 이용하기 전에 간단하게 데이터에 대한 설명을 하도록 하겠습니다.

	Sepal.Length	Sepal.Width	Petal.Length	Petal.Width	Species
1	5.1	3.5	1.4	0.2	setosa
2	4.9	3.0	1.4	0.2	setosa
3	4.7	3.2	1.3	0.2	setosa
4	4.6	3.1	1.5	0.2	setosa
5	5.0	3.6	1.4	0.2	setosa

Iris는 붓꽃에 대한 데이터입니다. 이 데이터는 통계학자 피셔가 제공한 데이터입니다. 각 세로줄의 의미를 간단히 해석하면 다음과 같습니다.

1) Species: 붓꽃의 종. setosa, versicolor, virginica 세 가지 값 중 하나
2) Sepal.Width: 꽃받침의 너비
3) Sepal.Length: 꽃받침의 길이
4) Petal.Width: 꽃잎의 너비
5) Petal.Length: 꽃잎의 길이

데이터의 구조에 대해 알아보기 위해 str()라는 코드를 입력합니다.

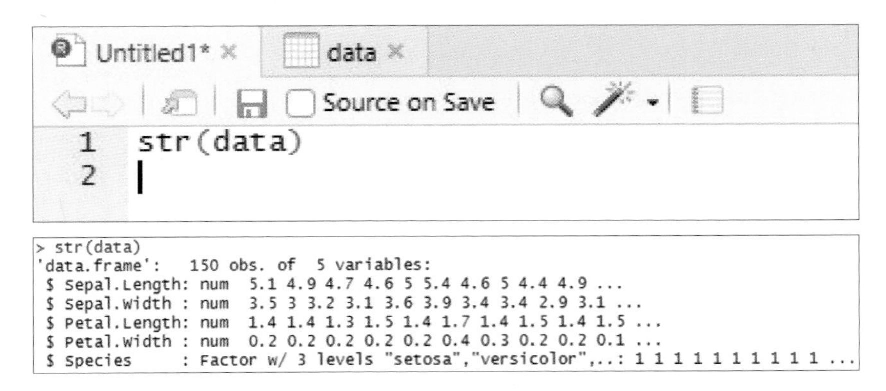


```
> str(data)
'data.frame':	150 obs. of  5 variables:
 $ Sepal.Length: num  5.1 4.9 4.7 4.6 5 5.4 4.6 5 4.4 4.9 ...
 $ Sepal.Width : num  3.5 3 3.2 3.1 3.6 3.9 3.4 3.4 2.9 3.1 ...
 $ Petal.Length: num  1.4 1.4 1.3 1.5 1.4 1.7 1.4 1.5 1.4 1.5 ...
 $ Petal.Width : num  0.2 0.2 0.2 0.2 0.2 0.4 0.3 0.2 0.2 0.1 ...
 $ Species     : Factor w/ 3 levels "setosa","versicolor",..: 1 1 1 1 1 1 1 1 1 1 ...
```

간단히 해석하면, 데이터의 형식은 data frame이고, 데이터의 구조는 150개의 row(가로줄의 수)와 4의 columns(세로줄의 수)로 이루어져 있다는 것을 알 수 있습니다. 그리고 그 아랫줄부터는 각 세로줄의 데이터 특징(숫자 or 글자 등)이 표시되어 있습니다.

기본 연산

앞서 준비된 iris 데이터를 기준으로 설명하도록 하겠습니다.

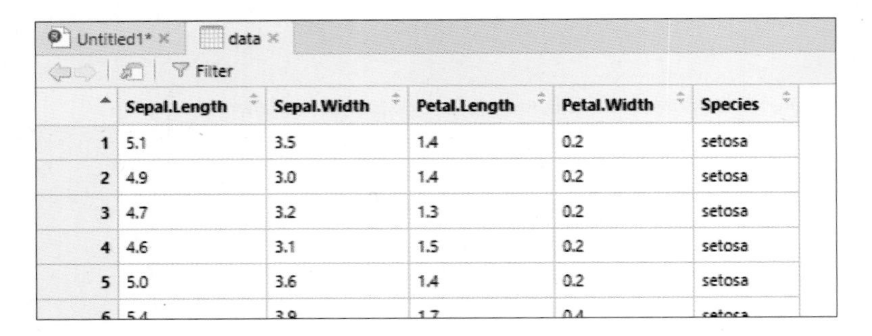

	Sepal.Length	Sepal.Width	Petal.Length	Petal.Width	Species
1	5.1	3.5	1.4	0.2	setosa
2	4.9	3.0	1.4	0.2	setosa
3	4.7	3.2	1.3	0.2	setosa
4	4.6	3.1	1.5	0.2	setosa
5	5.0	3.6	1.4	0.2	setosa

1. 데이터의 min과 max 같은 기본적인 정보를 도출해 봅시다.

최대값 기본 문법: max(데이터 변수$원하는 컬럼)

최소값 기본 문법: min(데이터 변수$원하는 컬럼)

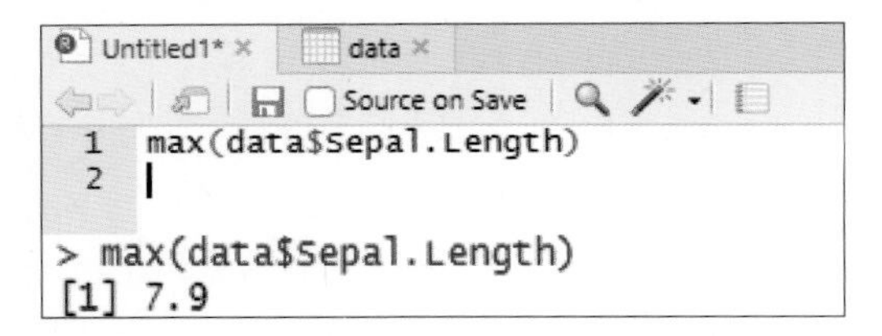

꽃의 길이의 최대값을 구해 봅시다.

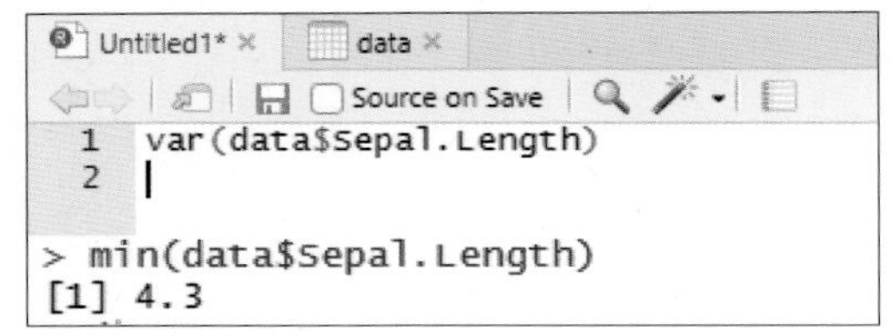

꽃의 길이의 최소값을 구해 봅시다.

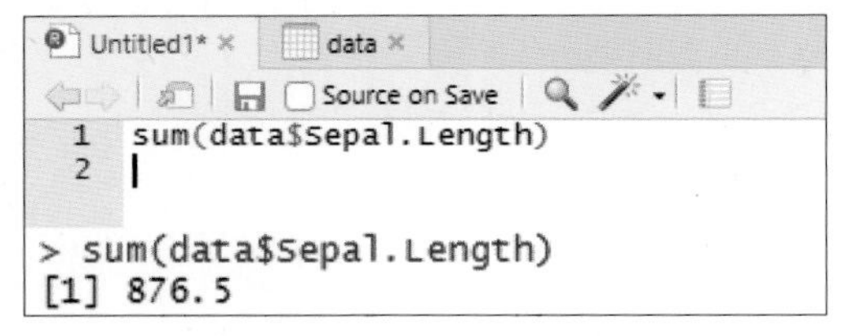

꽃의 길이 값들의 총합을 구해 봅시다.

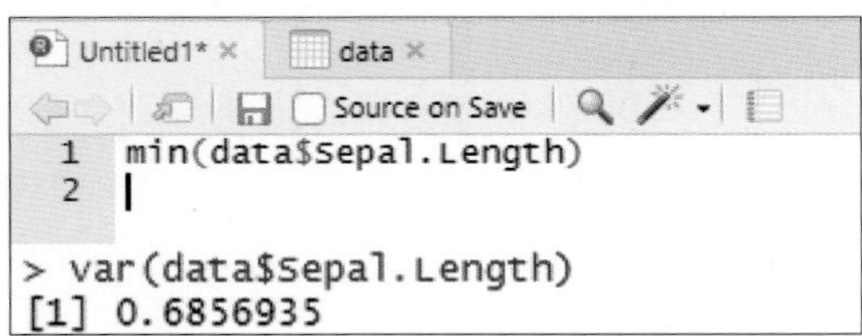

꽃 길이의 분산값을 구해 봅시다.

고급 연산

R에는 복잡한 data frame 형식의 데이터의 연산을 간편하게 할 수 있도록 도와주는 Aggregate 라는 함수가 있습니다.

1. Aggregate의 문법은 다음과 같습니다.

   기본문법: aggregate(계산될 컬럼~기준이 될 컬럼, 데이터, 함수)

   계산될 컬럼: 뒤의 함수가 적용이 되는 값들이 있는 컬럼

   기준이 될 컬럼: 연산의 기준이 되는 컬럼

   데이터: 위의 컬럼이 있는 전체 데이터 이름

   함수: 원하는 연산

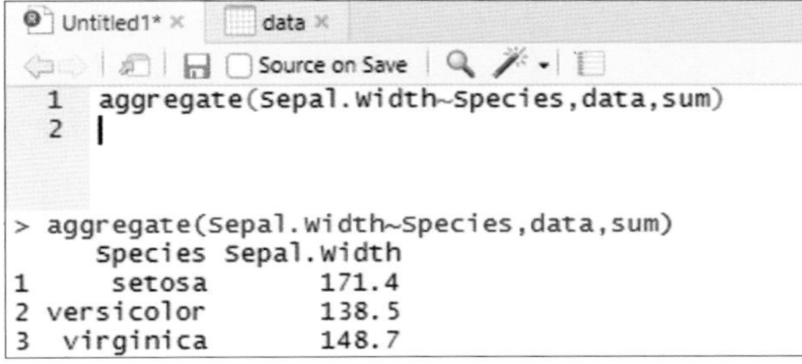

2. 붓꽃의 종류별로 꽃받침 너비의 총합을 구해 봅시다.

   계산될 컬럼: Sepal.Width

   기준이 될 컬럼: Species

   데이터: data

   함수: sum

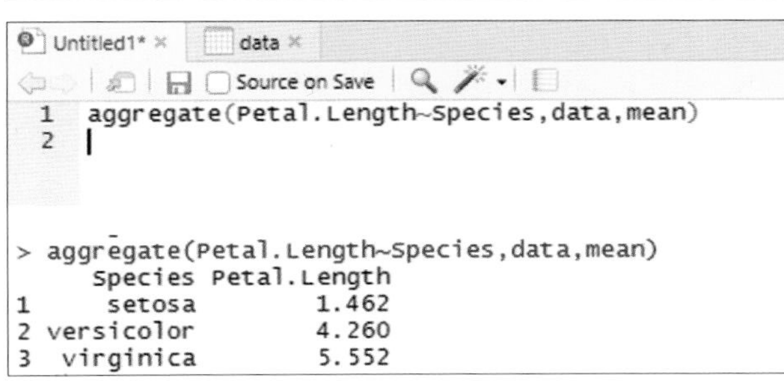

3. 붓꽃의 종류별로 꽃잎의 길이의 평균을 구해 봅시다.

   계산될 컬럼: Sepal.Width

   기준이 될 컬럼: Species

   데이터: data

   함수: sum

그래프 만들기

R에는 다양한 그래프 패키지가 있습니다. 여기서는 R에 기본적으로 내장되어 있는 함수들을 기준으로 진행합니다.

막대그래프 만들기

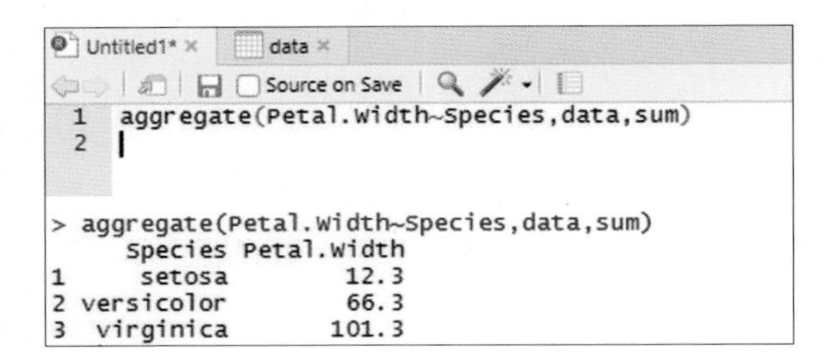

1. 기준 데이터의 전처리를 합니다.

앞서 소개한 aggregate 함수를 통해서 데이터를 만들어 봅시다.

"꽃의 종류별 꽃잎 너비의 총합"을 기준으로 합니다.

계산될 컬럼: Petal.Width

기준이 될 컬럼: Species

데이터: data

함수: sum

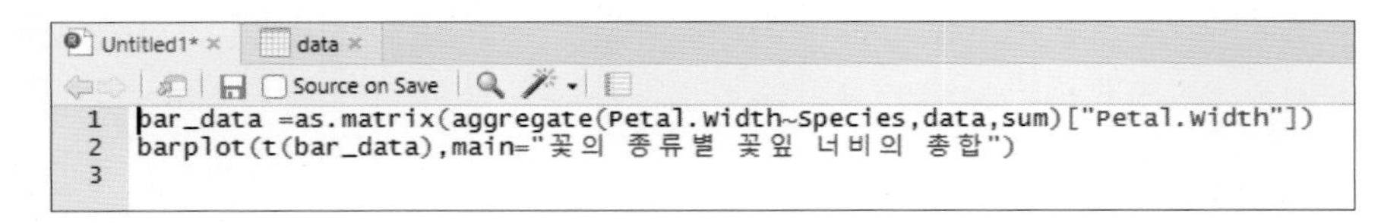

2. 막대그래프를 만듭니다.

기본 문법은 다음과 같습니다.

barplot(데이터, main="제목")

데이터 사이언스 주요 프로그래밍 언어 활용 매뉴얼 - Python

Python

Python은 인간 친화적인 프로그래밍 언어를 사용하는 프로그램입니다. 무료 프로그램이지만 상당한 유용성을 자랑하고 있으며, 다른 언어로 이루어진 프로그램과의 호환성도 좋은 편입니다. 간결하고 이해하기 쉽다는 점은 Python의 가장 큰 장점입니다.

Python 공식 홈페이지: www.python.org

* Python 공식 홈페이지에서 Python을 무료 다운로드 할 수 있습니다.

Python | 다운로드 및 설치

Python 설치 선택

Python을 설치하려면 Python 메인 홈페이지에 접속해 다운로드 하면 됩니다. 하지만 이러한 방법으로 다운로드 및 설치를 진행한다면 필수적으로 필요한 라이브러리 등의 설정을 사용자 스스로 해야 하는 문제가 발생합니다. 그래서 보다 빠르고 간편한 설치를 위해 Anaconda 배포판을 이용할 수 있습니다.

Python: www.python.org

Anaconda: www.anaconda.com/distribution/#download-section

Python 버전 (3.X 권장)

2020년 1월 1일부터 파이썬Python 2.7에 대한 지원이 공식적으로 종료되었습니다. Python 2.X 대신 Python 3.X를 권장합니다.

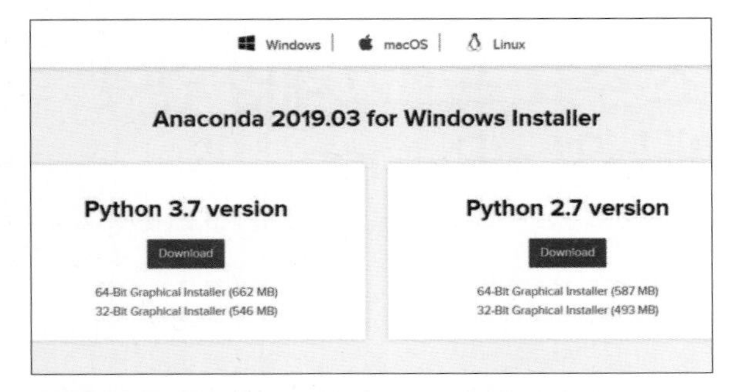

1. **자신의 컴퓨터와 일치하는 운영 체제를 선택합니다.**

여기서는 일반적으로 가장 많이 사용되는 Windows를 선택하였습니다.

2. **'관리자 권한으로 실행'을 선택합니다.**

Windows7 이후부터는 특히 권한 문제로 많은 오류가 발생하기 때문에 반드시 관리자 권한으로 실행을 선택합니다.

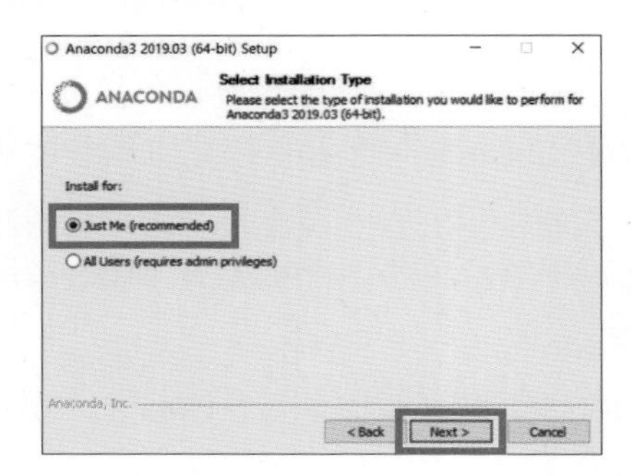

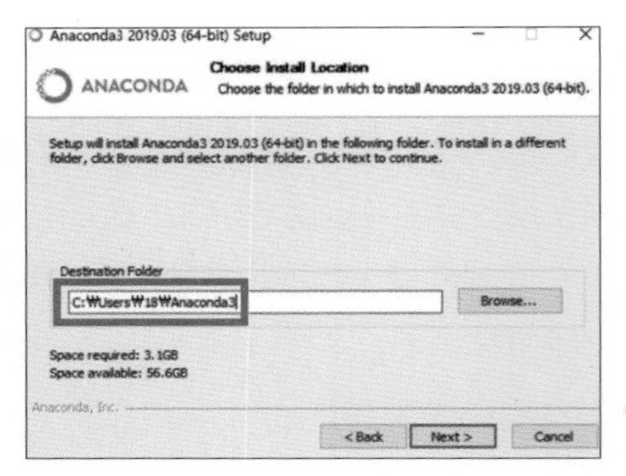

3. **사용자 선택(모든 유저, 해당 유저)은 해당 유저만 설치하는 것을 권장합니다.**

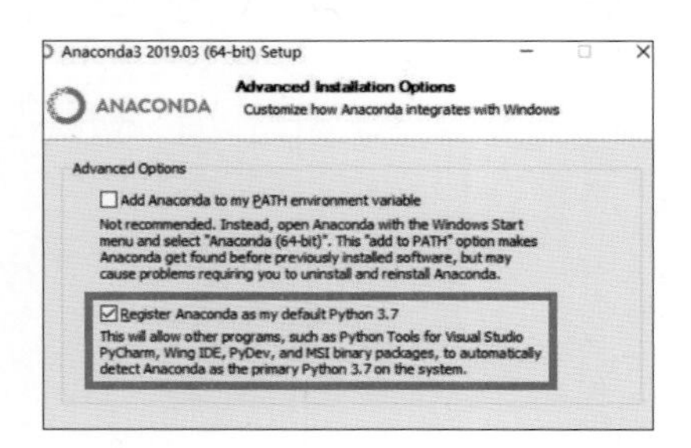

4. **위치(path) 관련 고급 설정**

컴퓨터 환경에 따라 오류가 발생할 수 있기 때문에 일반적으로 두 번째 선택지를 권장합니다. 나중에 환경변수를 설정할 때 설치한 폴더 위치(path)를 입력해야 하기 때문에 어디에 설치했는지 기억해야 합니다.

Python | 환경 변수 설정

프로그램이 정상적으로 작동하기 위해서는 프로그램에 필요한 기타 도구가 자동으로 작동될 수 있도록 이들이 설치되어 있는 위치를 알려주어야 합니다.

1. '내 PC(내 컴퓨터)'→'속성'→'고급 시스템 설정'을 클릭합니다.

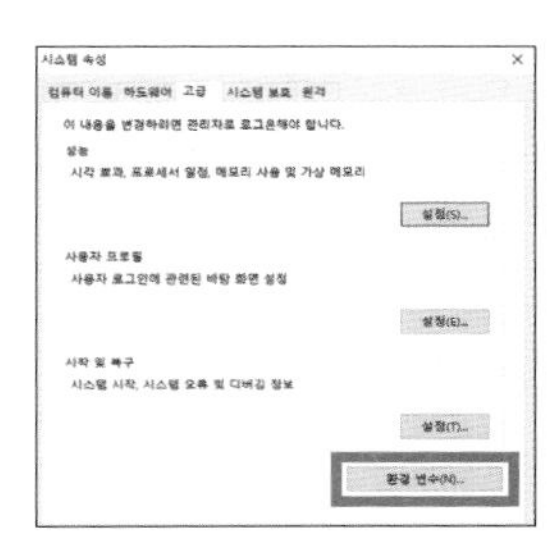
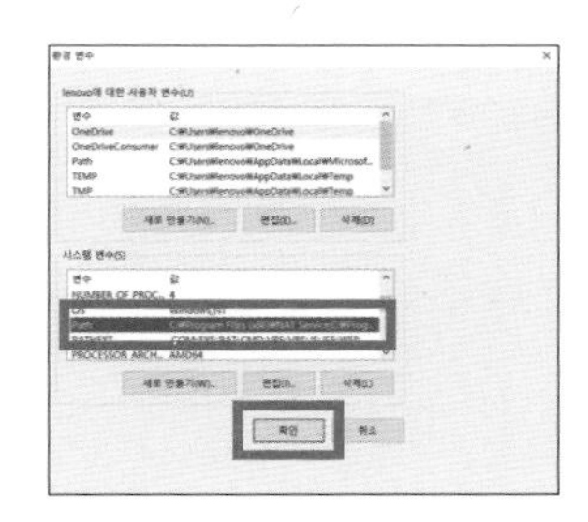

2. '시스템 속성'→'고급'→'환경 변수'를 클릭합니다. Windows 버전에 따라 일부 과정은 생략될 수 있습니다.

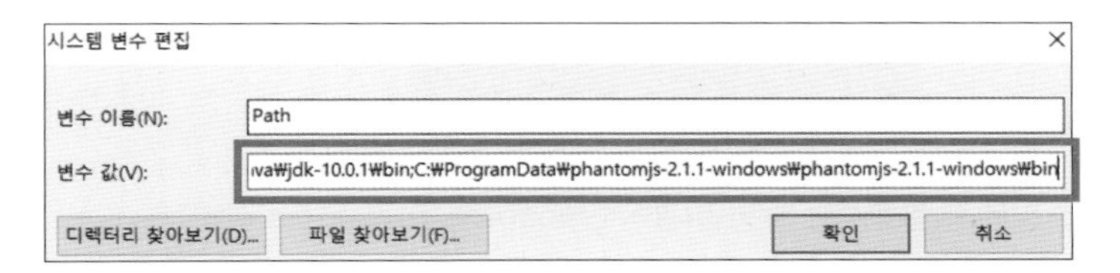

3. 변수 값 부분의 마지막에 앞서 말한 anaconda 설치 경로를 추가합니다.

설치 경로가 C: ₩Users ₩18 ₩Anaconda3라고 가정하고,

" ; " + "경로" 형태로 추가합니다.

아래의 4개 경로를 추가합니다.

1. C: ₩Users ₩18 ₩Anaconda3
2. C: ₩Users ₩18 ₩Anaconda3 ₩Scripts
3. C: ₩Users ₩18 ₩Anaconda3 ₩Lib
4. C: ₩Users ₩18 ₩Anaconda3 ₩Library

ex) …….;C: ₩Users ₩18 ₩Anaconda3;C: ₩Users ₩18 ₩Anaconda3 ₩Scripts;C: ₩Users ₩18 ₩Anaconda3 ₩Lib;C: ₩Users ₩18 ₩Anaconda3 ₩Library

CMD 창 혹은 jupyter notebook

Python을 실행할 수 있는 방법은 크게 2가지입니다. 첫 번째는 Windows의 CMD 창에서 불러오는 방법이고, 두 번째는 jupyter notebook, atom과 같은 gui가 어느 정도 구축된 명령 창에서 실행하는 방법입니다.

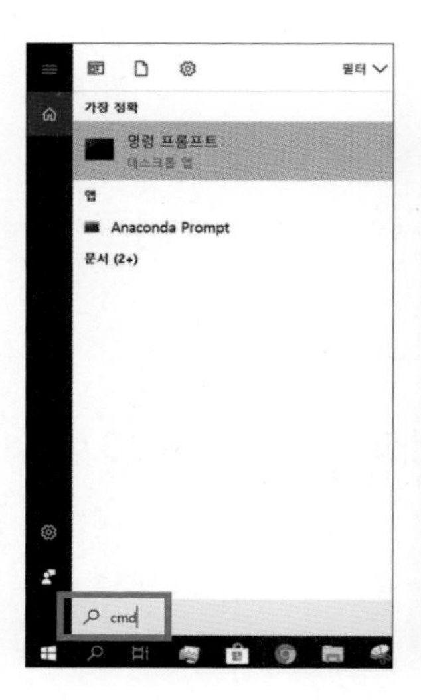

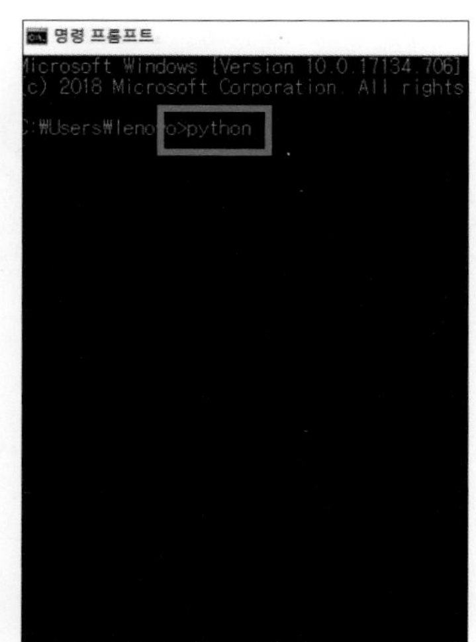

1. 먼저 Windows CMD 창에서 실행하는 방법입니다. (Windows 10 기준으로 설명)
   Windows 검색창에서 CMD를 입력 후 실행합니다.
   'Python'을 입력한 후 실행합니다.

2. 첫 번째 항목(1.)은 packages가 만들어진 날짜순으로 정렬, 두 번째 항목(2.)은 packages를 이름별로 정렬한 것입니다.

다음은 Gui가 구현되어 있는 프로그램 중 입력 결과를 바로 볼 수 있어 편리한 jupyter notebook을 기준으로 설명합니다.

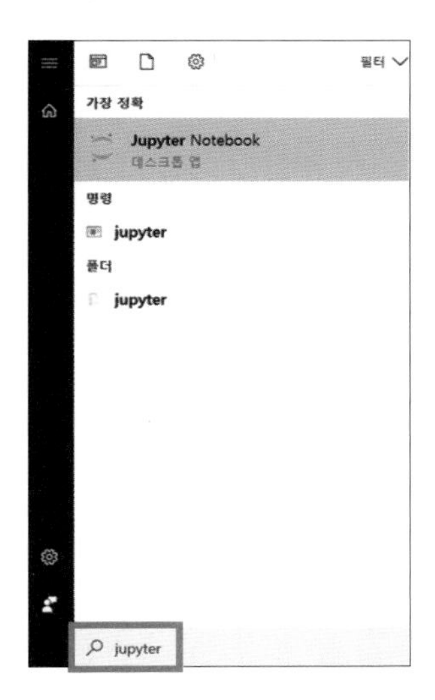

1. Windows 검색창에서 jupyter를 검색한 후 실행합니다.

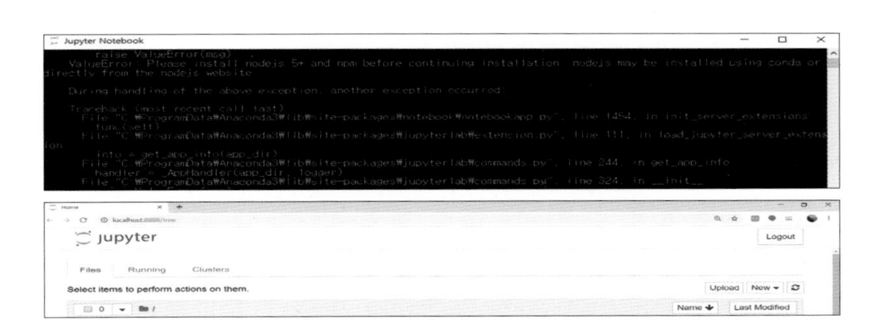

2. 위와 같은 검은 창이 뜨고, 약 2~3초 후에 internet browser 창 하나가 뜹니다.

Jupyter notebook 사용법

* Jupyter notebook 참고: www.dojang.io/mod/page/view.php?id=2457

- 폴더 및 Python 파일을 만드는 방법

Browser창 우측 상단의 New 버튼을 누르면 다음과 같은 선택창이 나옵니다.

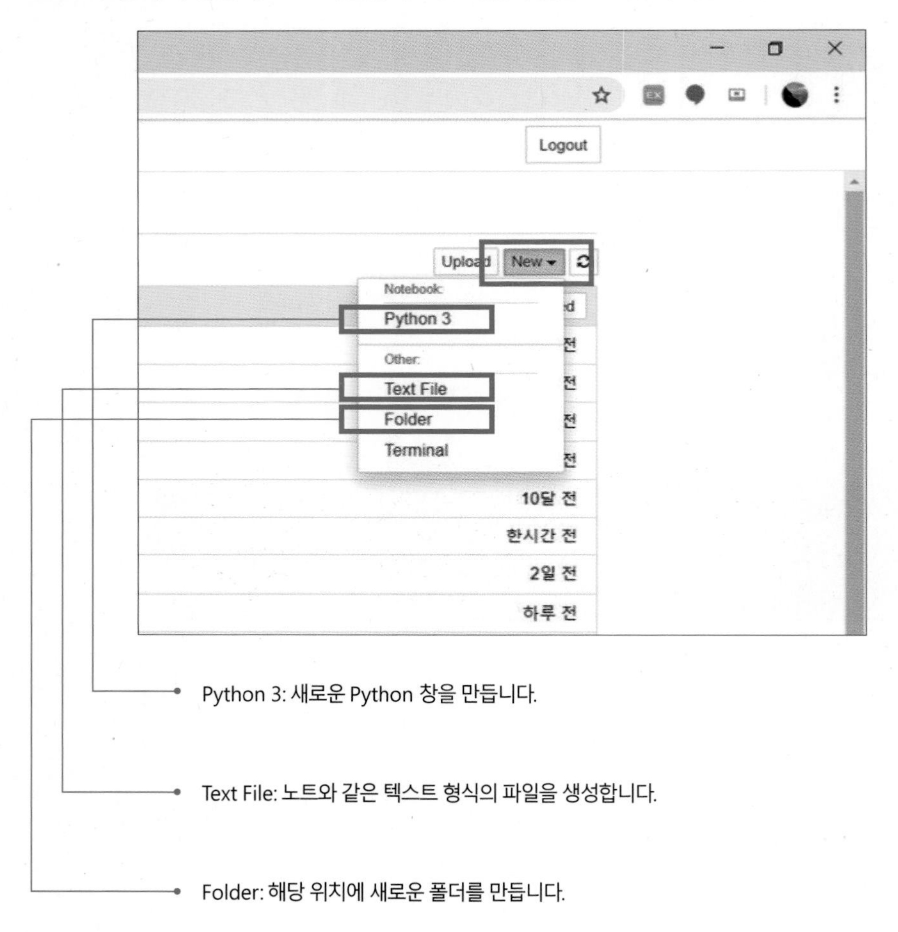

• Python 3 파일의 기본적인 사용법

1. In [ ] 이라고 표시된 곳의 우측을 클릭한 후에 원하는 명령어를 입력합니다.

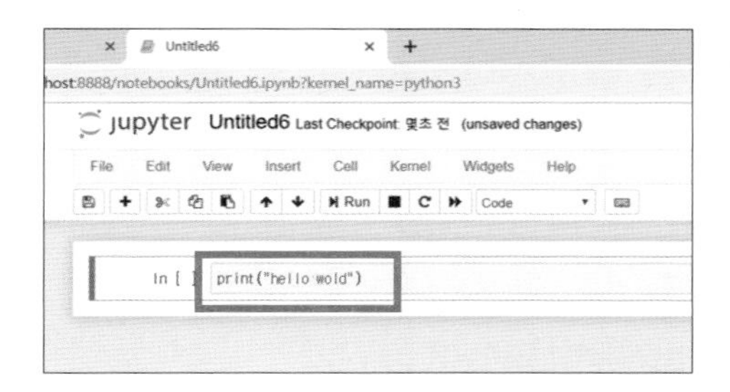

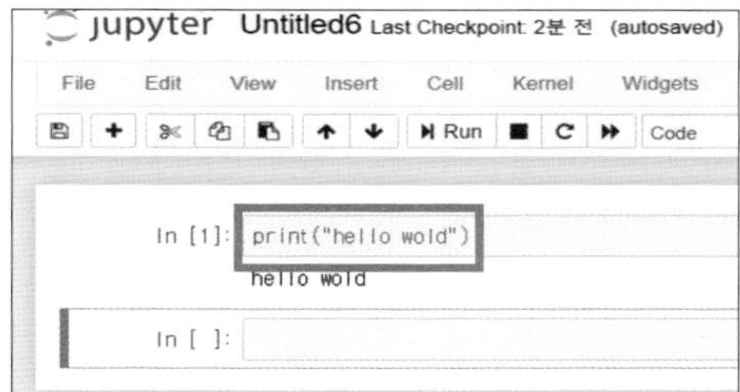

2. 원하는 명령어를 입력하고 Shift + Enter를 누르면 명령어창 하단에 결과 값이 인출됩니다.

• Python 3 파일 이름을 변경하는 방법

1. 'Untitled'를 클릭합니다.

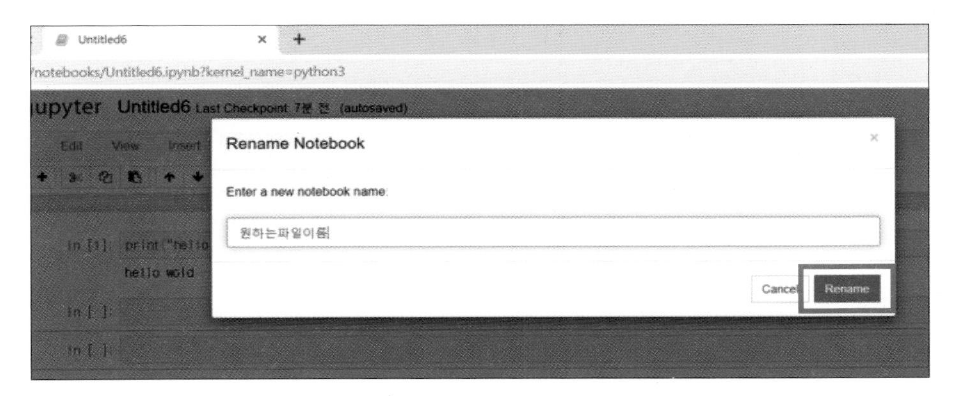

2. 원하는 파일명을 입력하고 'Rename'을 클릭합니다.

대표적으로 사용되는 패키지 소개

• Python의 대표적인 라이브러리

데이터 연산 및 처리	
Pandas	데이터를 분석 가능하게 만들어주고, 기본적인 분석 기능을 제공하는 도구입니다. 특히 csv(excel) 데이터를 효율적으로 불러오고 저장하는 라이브러리입니다.
Numpy	수치 계산을 효율적으로 도와주는 도구로, 다차원 배열 및 고수준 수학 함수를 제공합니다.
re	String 형태의 데이터를 Regular Expression(정규표현식)이라는 규칙을 바탕으로 전처리 및 연산을 도와줍니다.
Datetime	날짜 형식의 데이터를 분석 가능한 형태로 변경하고, 기본적인 연산을 제공하는 라이브러리입니다.

그래프	
matplotlib	Python에서 가장 보편적인 그래프를 그리는 라이브러리입니다.
Seaborn	matplotlib을 기반으로 추가기능(색, 차트, 테마 등)을 제공하는 라이브러리입니다.
pyecharts	Java Scripts를 기반으로 만들어진 그래프를 제공하여 인터랙션이 가능하도록 합니다.

기타	
OS	운영체제(Windows OS)에서 사용하는 명령어를 지원해 주는 라이브러리입니다.
folium	지도 데이터에 Java Scripts 형식을 이용하여 위치 정보를 시각화 해주는 도구입니다.

machine learning & deep learning	
Tensorflow	가장 유명한 machine learning 및 deep learing 도구로, 구글(google)에서 개발 및 배포하였습니다.
Scikit learn	Python의 가장 기본적인 machine learning 도구입니다.
Keras	Theano, tensorflow를 사용한 라이브러리로, 좀 더 발전된 형태의 분석 도구입니다. 분석에 집중할 수 있도록 지원합니다.

Python 라이브러리 설치

- 라이브러리 설치

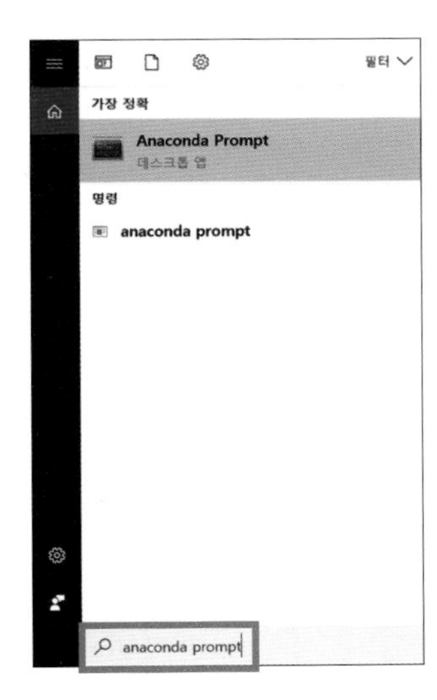

1. Windows 검색창에 'anaconda prompt'를 검색합니다.

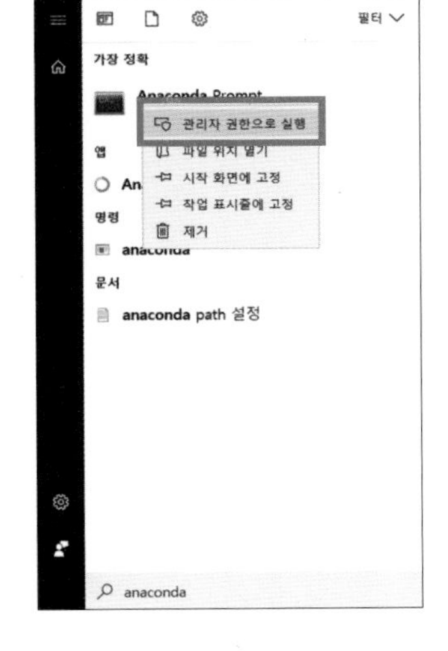

2. Windows 버전에 따라 관리자 권한 문제가 발생할 수 있기 때문에 반드시 오른 클릭 후에 '관리자 권한으로 실행'을 선택한 후 프로그램을 실행합니다.

3. 'pip install 라이브러리이름'을 입력한 후 Enter를 누릅니다.

4. 설치를 완료합니다.

예시

자료 읽기

원하는 외부 데이터를 Python 창으로 불러올 수 있습니다.

(자료를 읽는 방법은 여러 가지가 있으며 Python의 기본 내장 함수인 open을 사용해도 되지만, 여기서는 보다 쉽게 이용할 수 있는 pandas의 read 함수를 이용하도록 하겠습니다.)

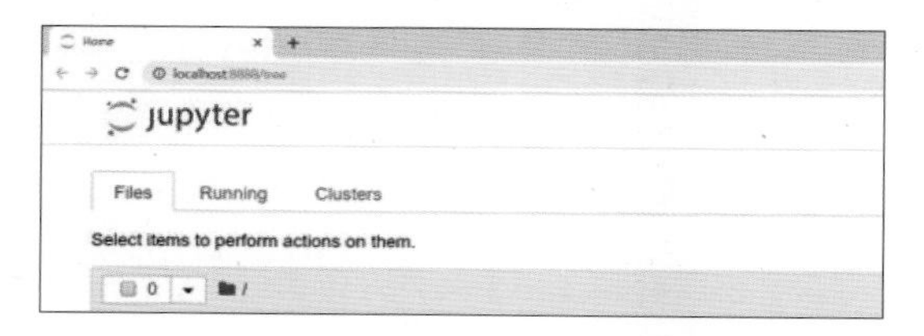

1. Windows 검색창에 jupyter를 검색한 후 실행합니다.

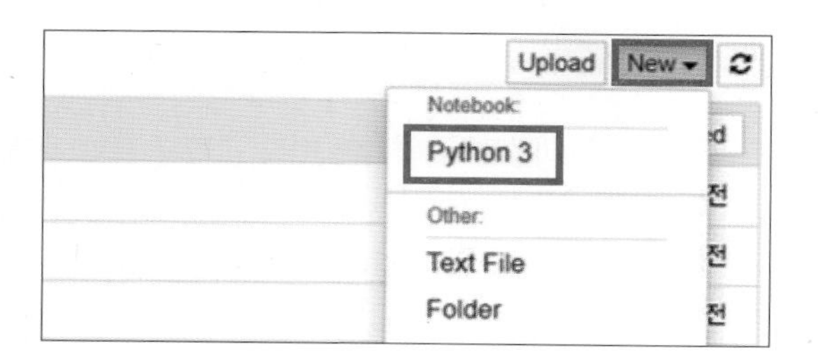

2. 'New' ⇨ 'Python 3'를 클릭하여 실행합니다.

3. pandas 라이브러리를 축약 로딩 합니다.

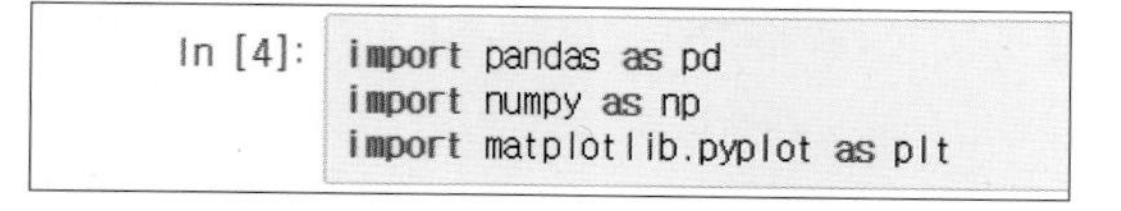

+ 대표적인 축약 로딩

Python을 이용하다 보면 특히 많이 쓰이는 라이브러리 중 암묵적으로 축약어로 불리는 라이브러리가 있다는 사실을 발견할 수 있습니다.

축약어로 불리는 라이브러리를 필수적으로 알아 놓을 필요는 없으나 많은 사람들이 축약어를 즐겨 사용하고 있고, 이러한 축약어가 초심자에게는 혼란스러울 수 있으므로 정리합니다.

	A	B	C
1	이름	나이	점수
2	민수	15	90
3	영희	16	20
4	철수	15	80
5	인재	17	40
6	은정	18	90

4. 읽고 싶은 자료를 불러옵니다.

다음과 같은 자료를 jupyter notebook에 불러와 봅시다.

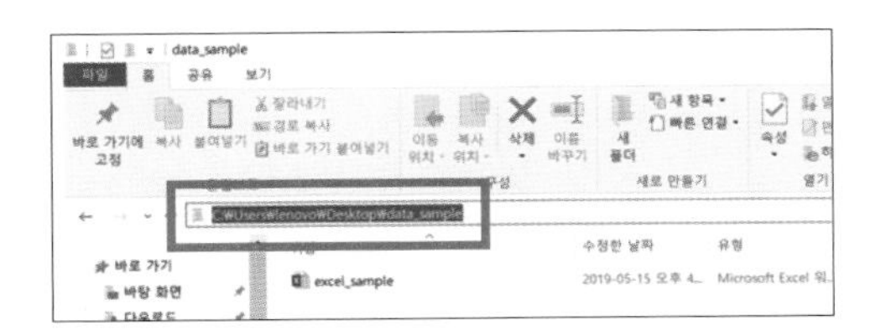

5. 자료의 위치(path)를 확인합니다.

자료의 위치를 확인하고자 할 때는, 파일 탐색기에서 왼쪽과 같이 클릭 후 확인합니다.

```
In [7]:  data = pd.read_excel(r"C:₩Users₩lenovo₩Desktop₩data_sample₩excel_sample.xlsx")
```

6. 명령어를 입력합니다.

기본 문법: 변수 = pd.read_excel(r"탐색기에서복사한위치₩파일이름.파일확장자")

	A	B	C
1	이름	나이	점수
2	민수	15	90
3	영희	16	20
4	철수	15	80
5	인재	17	40
6	은정	18	90

```
In [10]:  data
Out[10]:
```

	이름	나이	점수
0	민수	15	90
1	영희	16	20
2	철수	15	80
3	인재	17	40
4	은정	18	90

7. 데이터를 확인합니다.

기존 데이터와 비교해 보면

- 기본적으로 첫 번째 가로줄은 colums라는 데이터의 특성 목록으로 변경되었습니다.
- 기존에 없던 숫자가 맨 앞 세로줄에 생겼습니다(0~4).

연산하기(데이터 프레임)

원하는 외부 데이터를 Python 창으로 불러올 수 있습니다. 앞에서 불러온 excel 데이터를 기준으로 기본적인 연산을 진행합니다.

```
In [11]: data.info()

<class 'pandas.core.frame.DataFrame'>
RangeIndex: 5 entries, 0 to 4
Data columns (total 3 columns):
이름    5 non-null object
나이    5 non-null int64
점수    5 non-null int64
dtypes: int64(2), object(1)
memory usage: 200.0+ bytes
```

1. 데이터의 전반적인 정보를 확인합니다. 해당 코드는 기본적인 정보를 제공합니다.

- 간단히 해석을 하자면, columns의 수는 3개입니다.
- 이름의 columns에는 총 5개의 object(여기서는 단순하게 문자형 데이터라고 합니다.)가 있습니다.

	이름	나이	점수
0	민수	15	90
1	영희	16	20
2	철수	15	80
3	인재	17	40
4	은정	18	90

2. 각 특징들의 평균 및 최대·최소값을 구합니다.

```
In [12]: data.나이.mean()
Out[12]: 16.2
```

다섯 사람의 나이의 평균을 구해 봅시다.

문법: 데이터.특징(colums 이름).mean()

```
In [15]: data.점수.max()
Out[15]: 90
```

다섯 사람의 점수의 최대값과 최소값을 구해 봅시다.

최대값: 데이터.특징(colums 이름).max()

최소값: 데이터.특징(colums 이름).min()

막대그래프 만들기(matplotlib.pyplot)

앞에서 불러온 excel data를 바탕으로 하지만, matplotlib 라이브러리는 한글을 취급함으로써 오류가 생길 가능성이 높기 때문에 이름을 영어 이름으로 변경하여 실행하였습니다. 가장 보편적인 matplotlib. pyplot을 기준으로 진행하였습니다.

• 기준 데이터

	A	B	C
1	이름	나이	점수
2	A	15	90
3	B	16	20
4	C	15	80
5	D	17	40
6	E	18	90

```
In [19]: import matplotlib.pyplot as plt
         import numpy as np
```

1. 라이브러리를 불러 옵니다.

+numpy 함수를 불러오는 이유는 기본적인 수를 자동으로 생성해주는 편리한 라이브러리이기 때문입니다.

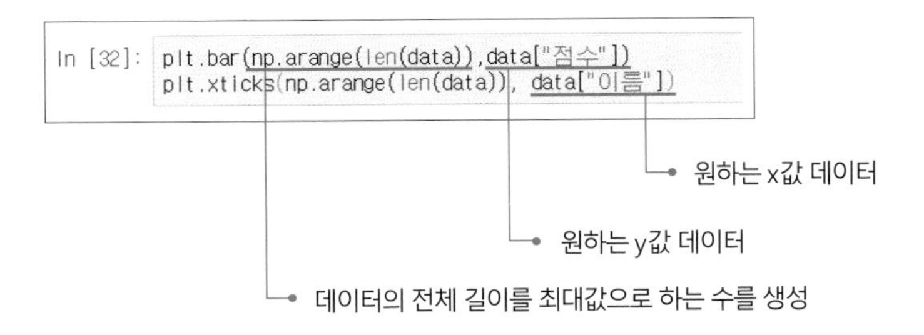

2. 점수를 막대그래프로 만들어 봅시다.

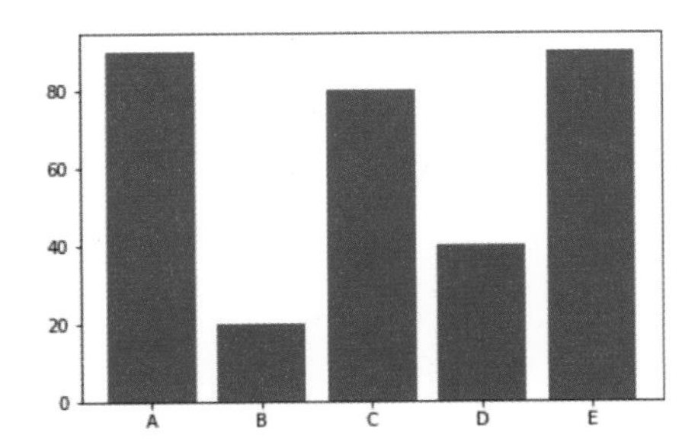

산점도 만들기(matplotlib.pyplot)

산점도는 그래프를 이용해 두 개 변수 간의 관계를 나타내는 것입니다. 앞서 사용한 데이터는 개수가 너무 적기 때문에, 좀 더 많은 양의 데이터를 만들어서 이용하도록 합니다.

```
In [19]: import matplotlib.pyplot as plt
         import numpy as np
```

1. 라이브러리를 불러 옵니다.

+numpy 함수를 불러오는 이유는 기본적인 수를 자동으로 생성해 주는 편리한 라이브러리이기 때문입니다.

```
In [37]: df=pd.DataFrame({'x': range(1,101), 'y': np.random.randn(100)*15+range(1,101) })
```

2. 기준 데이터를 생성합니다.

위 함수는 대략 100개의 x값과 그에 해당하는 100개의 y값을 임의적으로 생성하는 코드임을 의미합니다.

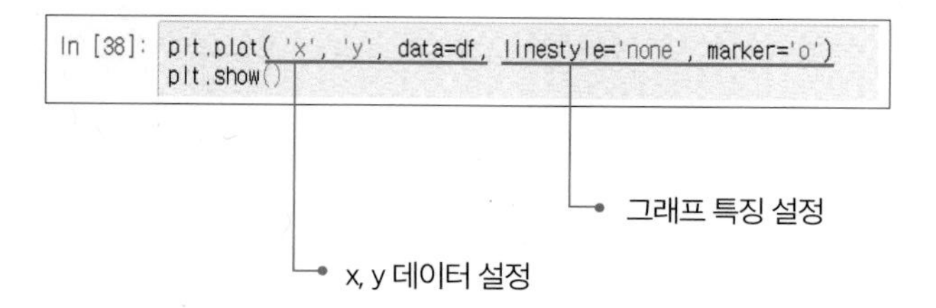

3. 산점도 그래프를 만듭니다.

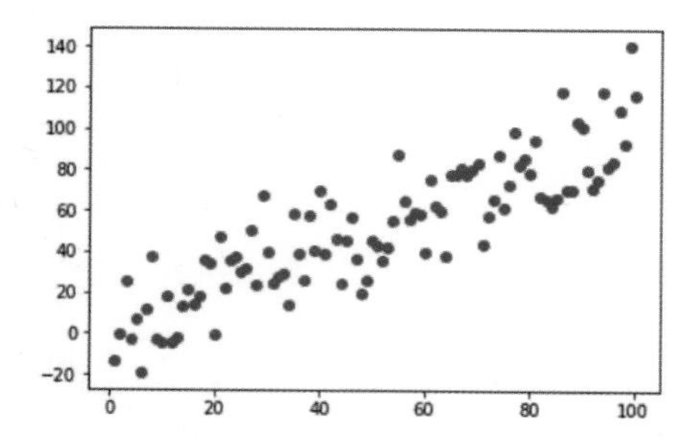

데이터 분석 대회 플랫폼-Kaggle

Kaggle

데이터를 분석하는 사람에게 가장 중요하면서도 어려운 부분은 바로 좋은 데이터를 수집하고 가공하는 일입니다. 그러나 초심자나 데이터 관련 특정 기관 및 단체에 소속되어 있지 않은 사람이 많은 양의 데이터를 수집하는 것은 매우 어려운 일입니다. Kaggle은 이러한 사람들에게 정량화된 질 좋은 자료를 제공해주는 사이트입니다. 전 세계 각국의 정부와 기업들이 Kaggle을 통해 자발적으로 사용자들에게 데이터를 제공하고 있으며, 데이터를 제공한 이들은 사용자가 문제를 해결했을 때 지불할 대가로 일정 금액의 상금을 걸어 놓기도 합니다.

Kaggle 공식 홈페이지: www.kaggle.com

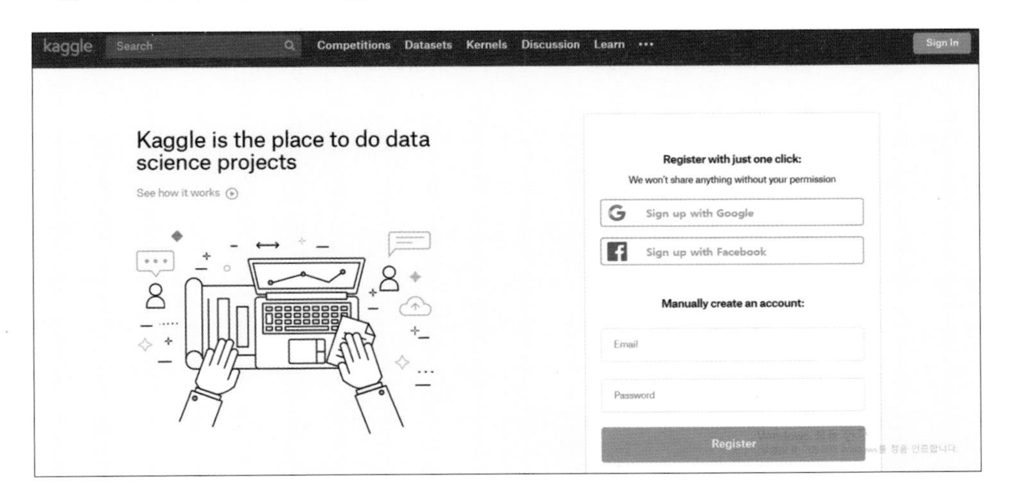

Kaggle | 가입하기

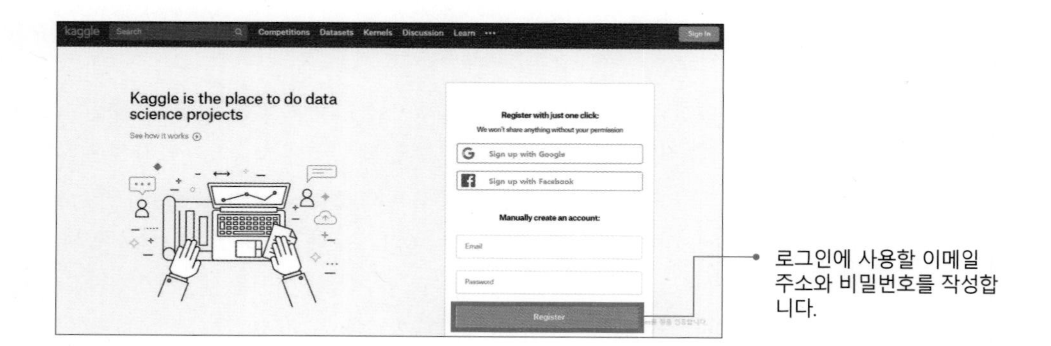

1. 우측 하단의 'register'를 클릭합니다. Kaggle은 기본적으로 구글 및 페이스북 아이디와도 연동이 가능합니다.

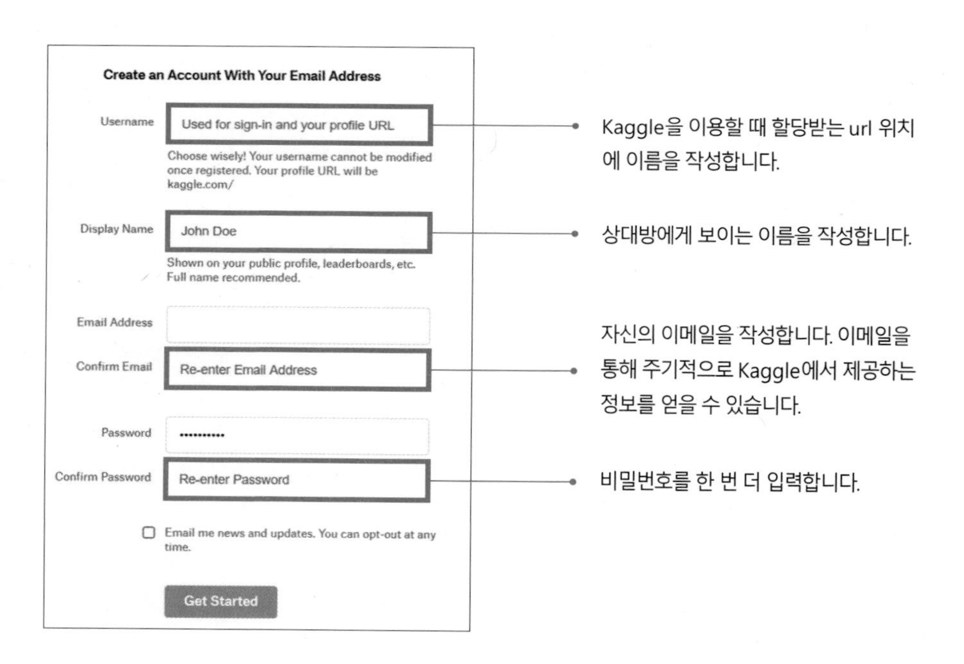

2. 양식에 적당한 내용을 입력하고 가입을 완료합니다.

Kaggle | Competition 참여하기

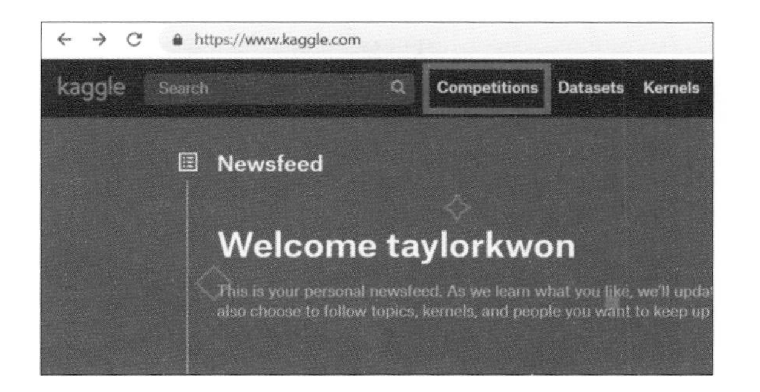

1. 좌측 상단의 'Competitions'를 클릭합니다.

2. 원하는 목록을 클릭합니다.

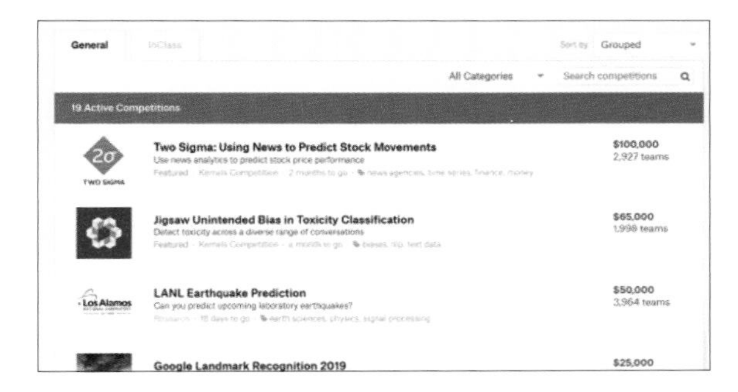

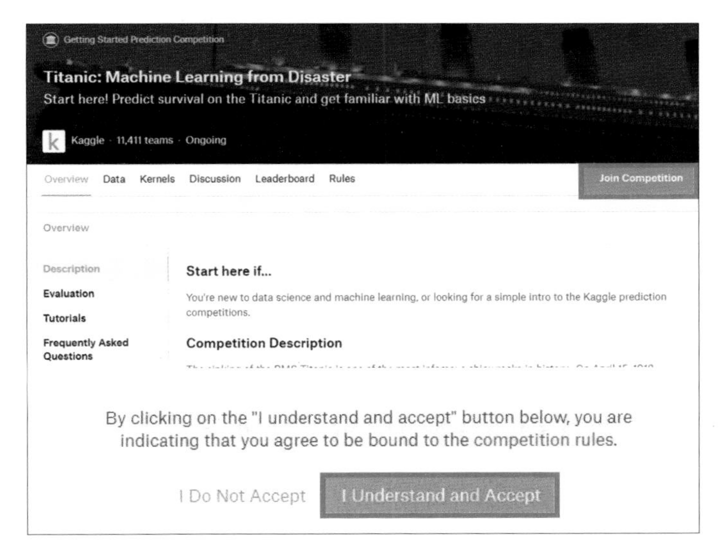

3. 우측의 'Join Competitions'를 클릭한 후 "I Understand…"를 클릭합니다. 한 번 쯤은 Competitions rules를 읽어 볼 것을 추천합니다.

Kaggle | 참여하기

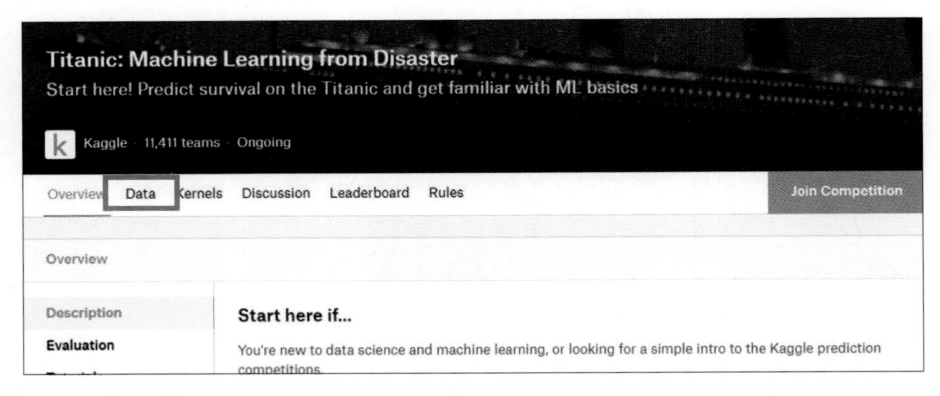

1. 'Data' 창을 클릭합니다.

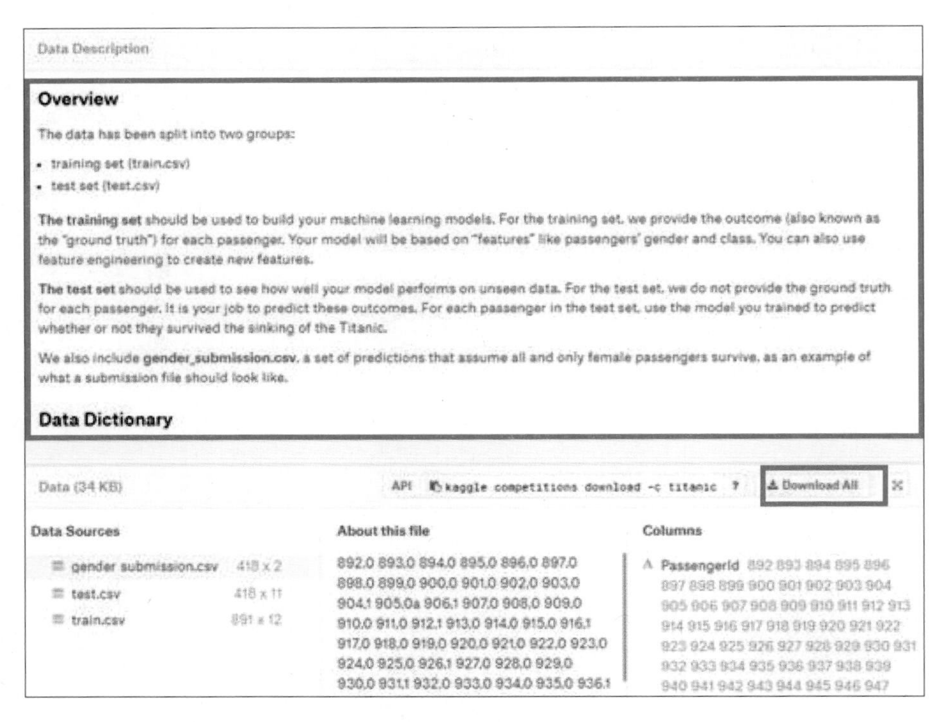

2. Overview는 데이터의 전반적인 소개를 해 주는 창입니다.

하단 좌측의 Data Sources는 데이터 목록을 보여주며,

하단 우측의 'Download All'을 클릭하면 모든 데이터를 다운받을 수 있습니다.

예비 데이터 사이언티스트를 위한 강의 프로그램

1. 'Coursera', 강좌부터 학위까지 전 세계 최고의 대학과 기업에게 배우는 100% 온라인 학습 기관

www.coursera.org

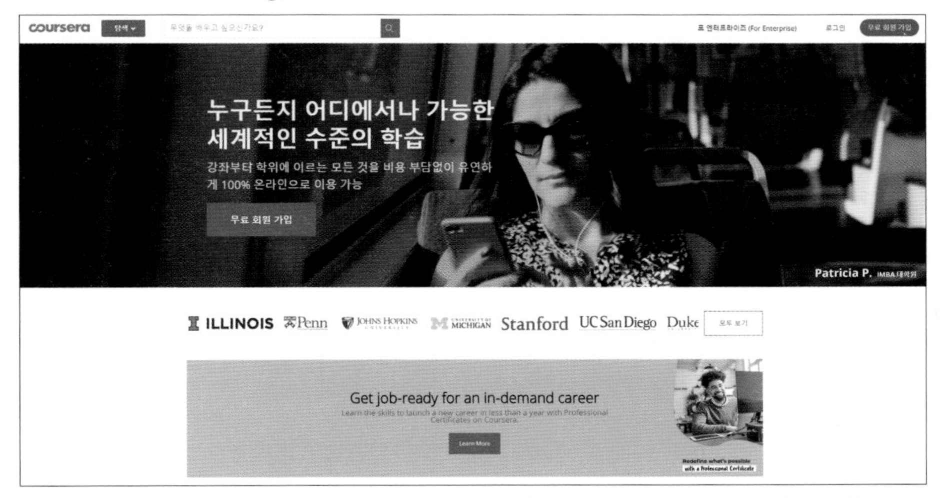

"우리는 세계 최고의 학습 경험에 액세스하여 어느 곳에서나 삶을 변화시킬 수 있는 세상을 상상합니다."

* 사진 출처: Coursera 홈페이지

Coursera는 2012년 스탠포드 컴퓨터 과학 교수 앤드류 응(Andrew Ng)과 다프네 콜러(Daphne Koller)교수가 만든 교육 서비스 플랫폼입니다. 미국의 높은 대학 등록금 문제를 개선하고 세계 최고의 교육을 원하는 사람이라면 누구든지 수강할 수 있도록 하고자 온라인 강의를 개설했습니다. 초기에는 컴퓨터 과학 분야의 강의가 많았지만 현재는 인문학, 언어, 경영, 비즈니스 등 다양한 분야의 강의를 제공하고 있습니다.

또한 Coursera에는 'Specialization(특정 분야의 전문가가 되기 위해 알아야 할 강좌)' 과정이 별도로 준비되어 있습니다. 예를 들어 데이터 사이언티스트가 되기 위해 필수적으로 알아야 하는 프로그래밍 언어, 도구, 분석 방법 등의 다양한 과목을 하나의 과정으로 구성하여 학습자에게 제공하며 이를 전부 수료한 수강생은 별도의 수료증을 발급받을 수 있습니다.

2. K-MOOC, 한국형 온라인 공개강좌 서비스

www.kocw.net/home/index.do

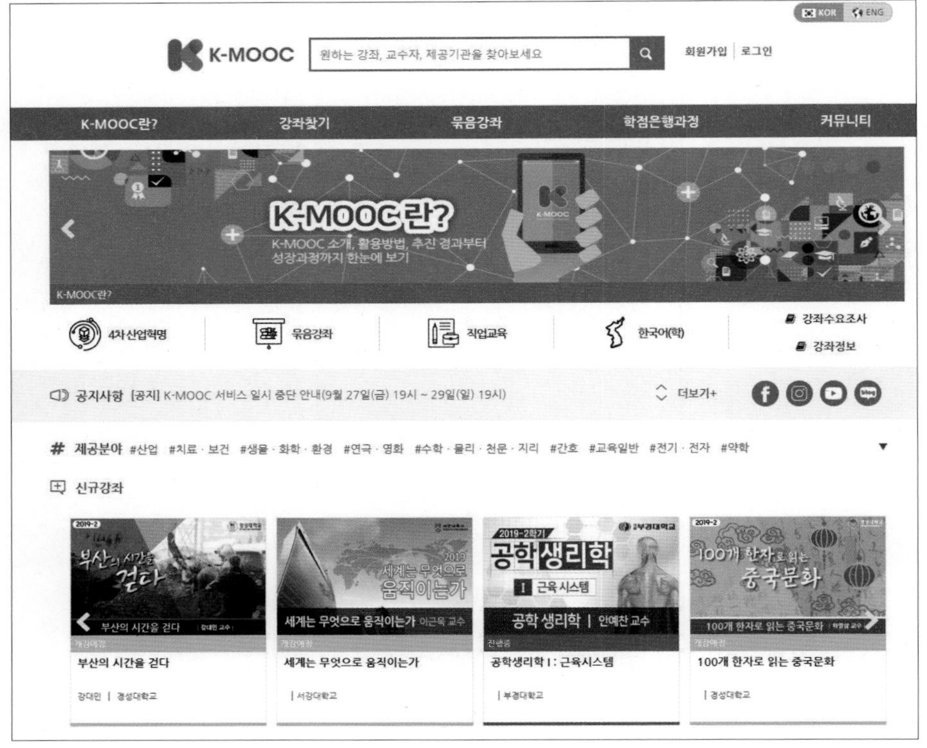

"Colorful K-MOOC, 당신의 미래를 그려보세요."

*사진 출처: K-MOOC 홈페이지

K-MOOC는 Massive, Open, Online, Course의 줄임말로 2015년에 시작된 오픈형 온라인 학습 과정입니다. 대학 교수들의 강의 공개를 통하여 수업의 혁신과 고등 교육의 실질적인 기회 균형을 실현하고 있습니다. 인문, 사회, 공학, 자연, 의학, 예체능 등 다채로운 강좌를 제공하며 수강자는 질의 응답과 토론에 참여하는 등의 양방향 학습을 할 수 있습니다.

고교생이 진로 탐색 및 전공 기초 소양을 쌓을 수 있는 강좌도 제공합니다. 한 가지 예로, 빅 데이터 시대, 웹 2.0과 소셜 네트워킹 사이트의 급격한 성장에 따른 텍스트 마이닝에 대한 개괄적인 내용을 다루는 강의가 개설되었습니다. 관련 학과로 진학을 앞두고 있는 고교생들은 이 교육 서비스를 통해 미리 다양한 텍스트 마이닝 기법의 이론 및 접근 방법, 감성 분석, 토픽 모델링 등 공학 지식과 더불어 텍스트 분석 및 활용 능력을 배울 수 있습니다.

3. 모두를 위한 열린 강좌 KOCW, 고등교육 교수 학습 자료 공동 활용 체제

www.kocw.net/home/index.do

KOCW는 Korea Open Course Ware의 약자로서 국내·외 대학 및 기관에서 자발적으로 공개한 강의 동영상, 강의 자료를 무료로 제공하는 서비스입니다. 한국학술단체협의회(KRISS)에서 구축한 교육 플랫폼으로 대학생, 교수자는 물론 배움을 필요로 하는 누구든지 언제 어디서나 이용 가능합니다.

KOCW는 우리나라 OER 운동의 일환으로 만들어진 국내 고등 교육 이러닝 강의 최다 보유 서비스로, 고등 교육 및 평생 교육의 기회를 확대하여 지식 공유 문화를 확산시키고자 노력하고 있습니다.

4. 'edwith', 네이버(NAVER)와 커넥트 재단에서 주도하는 무료 교육 플랫폼

www.edwith.org

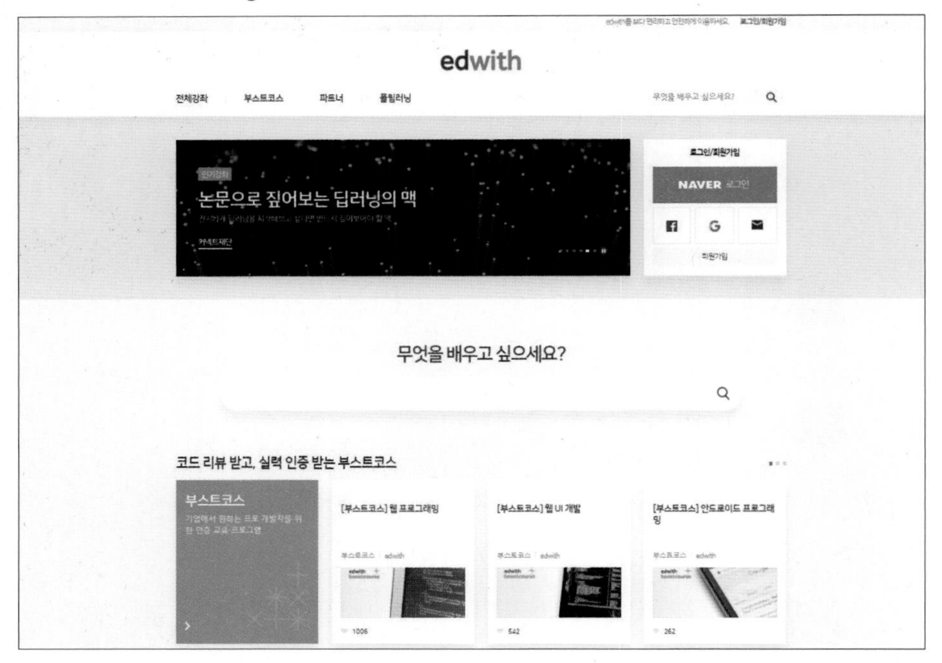

인터넷 검색 포털 네이버는 자사에서 설립한 비영리 교육 재단 법인 커넥트 재단(CONNECT FOUNDATION)과 함께 'edwith'를 통해 MOOC를 위한 플랫폼과 양질의 강좌를 제공하고 있습니다.

edwith에서는 소프트웨어 코딩의 기초 개념부터 웹/모바일 개발 및 인공 지능 강좌를 수강할 수 있으며, 카이스트(KAIST), 포스텍(POSTECH)과 같은 과학 기술 특성화 대학 및 소프트웨어 중심 대학의 강좌가 더 많은 사람들에게 나누어지도록 교육 기회를 제공하고 있습니다.

또한 실무형 온라인 교육 프로그램을 통해 커리어 역량을 키우는 부스트 코스를 마련하였으며, 현직 선생님들과 대학 교수님들이 효과적인 온라인 클래스를 만들 수 있도록 *플립 러닝 서비스를 제공하고 있습니다.

> *플립 러닝: 온라인에서 먼저 학습한 후 교실에서는 토론 참여와 실습 위주로 수업을 진행하는 교수 방법

5. 과학 기술 분야 온라인 공개 강좌 서비스 Star-mooc

www.starmooc.kr

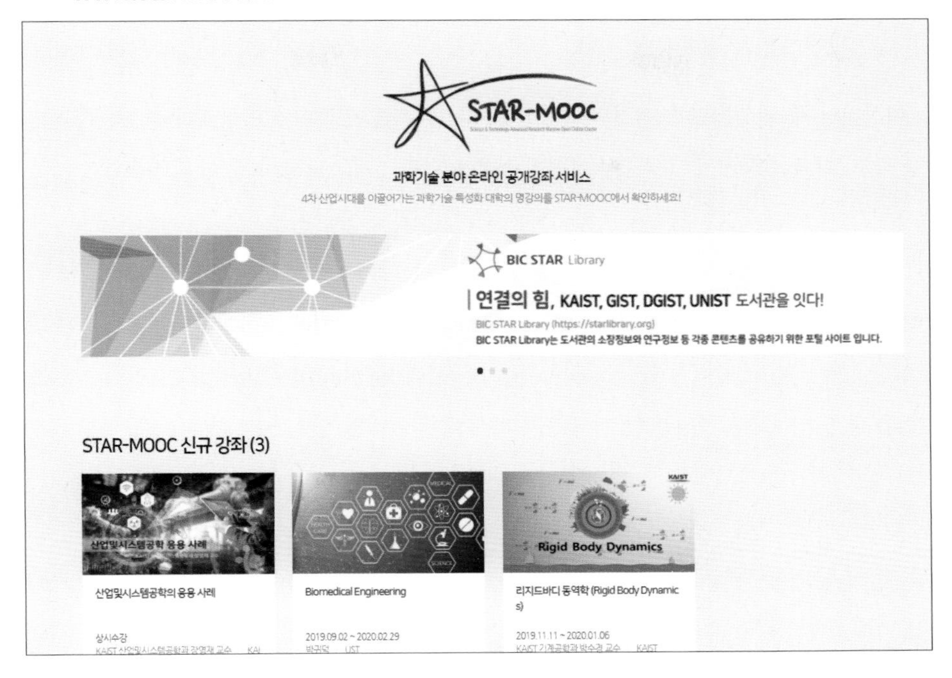

STAR MOOC는 Science & Technology Advanced Research Massive Open Online Course를 줄인 말로 KAIST, GIST, DGIST, UNIST 4개의 과학기술원과 POSTECH, UST가 MOOC 공동 개발 및 활용을 목적으로 구성한 브랜드입니다. 데이터 과학, 수학, 프로그래밍 등 통계 분석을 위한 강의 프로그램 외에도 스타트업 재무, 3D 프린팅, 미래 의료 기술, 양자역학, 비교역사학, 신화, 미시경제학 등의 프로그램들이 공개되고 있습니다.

생생 인터뷰 후기

AI, 머신러닝 등 낯설게만 느껴졌던 용어들과 친숙해지는 시간이었다. 인터뷰를 통해 다양한 이야기를 듣고, 실제 현장에서 그것들이 어떻게 활용되고 있는지도 배울 수 있어 즐거웠다.

인터뷰를 통해 인연을 맺게 된 많은 분들의 강조점은 하나였다. 데이터 사이언티스트는 과학자(Scientist)란 사실을 늘 인지하고 있어야 하며, 데이터 분석(Analysis)에서 그치지 않고 분석 결과를 문제 해결에 활용할 줄 알아야 한다는 것이다. 이를 위해 데이터 사이언티스트는 통계 분석 프로그램 언어를 다루는 것에 그쳐서는 안 되고 통계 지식도 갖추고 있어야 한다.

데이터 사이언스 분야가 주목을 받게 되면서 사람들의 관심 역시 많아지고 있지만, 인터뷰를 통해 직접 느껴 본 데이터 사이언티스트라는 직업은 결코 가볍지 않았다. 미디어에서는 강조하지 않는, 유망한 미래 직종이라는 화려함 속에 숨어 있는 데이터 사이언티스트들의 기본기와 노력이 이 책을 통해 많은 청소년들에게 전달되었으면 한다.

마지막으로 후배 데이터 사이언티스트를 위해 바쁜 일정 가운데서도 흔쾌히 인터뷰에 참여해 주시고 조언해 주신 모든 분들께 진심을 담아 감사의 인사를 전한다.

117.95%
56.45
09:30AM
17.95%
42.30
60.35
56.45
42.30
BUSINESS 5G
42.30
WE, TONGRO IMAGE

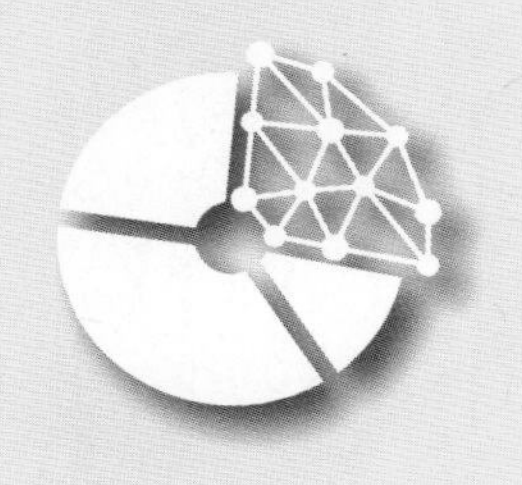